essentials

essentials liefern aktuelles Wissen in konzentrierter Form. Die Essenz dessen, worauf es als „State-of-the-Art" in der gegenwärtigen Fachdiskussion oder in der Praxis ankommt. *essentials* informieren schnell, unkompliziert und verständlich

- als Einführung in ein aktuelles Thema aus Ihrem Fachgebiet
- als Einstieg in ein für Sie noch unbekanntes Themenfeld
- als Einblick, um zum Thema mitreden zu können

Die Bücher in elektronischer und gedruckter Form bringen das Fachwissen von Springerautor*innen kompakt zur Darstellung. Sie sind besonders für die Nutzung als eBook auf Tablet-PCs, eBook-Readern und Smartphones geeignet. *essentials* sind Wissensbausteine aus den Wirtschafts-, Sozial- und Geisteswissenschaften, aus Technik und Naturwissenschaften sowie aus Medizin, Psychologie und Gesundheitsberufen. Von renommierten Autor*innen aller Springer-Verlagsmarken.

Susanne Schindler-Tschirner ·
Werner Schindler

Mathematische Geschichten VI – Kombinatorik, Polynome und Beweise

Für begabte Schülerinnen und Schüler in der Mittelstufe

Susanne Schindler-Tschirner
Sinzig, Deutschland

Werner Schindler
Sinzig, Deutschland

ISSN 2197-6708 ISSN 2197-6716 (electronic)
essentials
ISBN 978-3-662-65576-4 ISBN 978-3-662-65577-1 (eBook)
https://doi.org/10.1007/978-3-662-65577-1

Die Deutsche Nationalbibliothek verzeichnet diese Publikation in der Deutschen Nationalbibliografie; detaillierte bibliografische Daten sind im Internet über http://dnb.d-nb.de abrufbar.

Planung/Lektorat: Iris Ruhmann
Springer Spektrum ist ein Imprint der eingetragenen Gesellschaft Springer-Verlag GmbH, DE und ist ein Teil von Springer Nature.
Die Anschrift der Gesellschaft ist: Heidelberger Platz 3, 14197 Berlin, Germany

Was Sie in diesem *essential* finden können

- Lerneinheiten in Geschichten
- Euklidischer Algorithmus und erweiterter Euklidischer Algorithmus
- Polynome
- Kombinatorik und Stochastik
- Teilen von Geheimnissen (Secret Sharing)
- Beweise
- Musterlösungen

Vorwort

Die Aufgabenstellungen und der Erzählkontext der Bände I und II der „Mathematischen Geschichten“ (Schindler-Tschirner & Schindler 2019a,b) waren auf mathematisch begabte Schülerinnen und Schüler der Grundschule zugeschnitten, genauer gesagt, auf die Klassenstufen 3 und 4. Zwei Jahre später folgten die Bände III und IV (Schindler-Tschirner & Schindler, 2021a, b) für mathematisch begabte Schülerinnen und Schüler in der Unterstufe (Klassenstufen 5 bis 7). Die positive Resonanz auf die ersten vier Bände hat uns ermutigt, die Reihe thematisch fortzusetzen. Dieses *essential* und Band V der „Mathematischen Geschichten“ (Schindler-Tschirner & Schindler, 2022a) richten sich an mathematisch begabte Schülerinnen und Schüler in der Mittelstufe (Klassenstufen 8 bis 10). Die „Mathematischen Geschichten“ können auch von Schülerinnen und Schülern mit Gewinn bearbeitet werden, die älter als die jeweils avisierte Zielgruppe sind.

Wir haben uns entschieden, die Konzeption und Ausgestaltung der Grundschul- und Unterstufenbände fortzuführen. In sechs Aufgabenkapiteln werden mathematische Techniken motiviert und erarbeitet und zum Lösen einfacher wie anspruchsvoller Aufgaben angewandt. Weitere sechs Kapitel enthalten vollständige Musterlösungen und Ausblicke über den Tellerrand. Der Erzählkontext ist auf die neue Zielgruppe zugeschnitten.

Auch mit diesem *essential* möchten wir einen Beitrag leisten, Interesse und Freude an der Mathematik zu wecken und mathematische Begabungen zu fördern.

Sinzig
im Juli 2022

Susanne Schindler-Tschirner
Werner Schindler

Inhaltsverzeichnis

Einführung

1

In diesem *essential* können Mittelstufenschülerinnen und -schüler die Protagonisten Anna und Bernd wie bereits im Vorgängerband (Schindler-Tschirner & Schindler, 2022a) weiter auf ihrem Weg zur Mentorenschaft begleiten. Die bewährte Struktur der Vorgängerbände wird auch in dem hier vorliegenden Band VI beibehalten: Sechs Aufgabenkapiteln folgen sechs Musterlösungskapitel, die zudem didaktische Anregungen und Ausblicke enthalten und mathematische Zielsetzungen ansprechen. Wie seine Vorgänger, richtet sich auch dieses *essential* an Leiterinnen und Leiter[1] von Arbeitsgemeinschaften, Lernzirkeln und Förderkursen für mathematisch begabte Schülerinnen und Schüler der Mittelstufe, an Lehrkräfte, die differenzierenden Mathematikunterricht praktizieren, an Lehramtsstudierende, aber auch an engagierte Eltern für eine außerschulische Förderung. Im Aufgabenteil wird der Leser mit „du", in den Musterlösungen mit „Sie" angesprochen.

1.1 Mathematische Ziele

In diesem *essential* setzen wir das Kozept der Mathematischen Geschichten I–V (Schindler-Tschirner & Schindler, 2019a, b, 2021a, b, 2022a) fort. Zielgruppe sind wie in Band V mathematisch begabte Schülerinnen und Schüler in der Mittelstufe. Mit den beiden *essentials* können Begabten-AGs aus der Unterstufe fortgesetzt, aber selbstverständlich auch in der Mittelstufe neu begonnen werden. Die natürliche Reihenfolge besteht darin, mit Band V zu beginnen. Sieht man vom letzten Kapitel ab, kann Band VI aber auch unabhängig von Band V bearbeitet werden.

[1] Um umständliche Formulierungen zu vermeiden, wird im Folgenden meist nur die maskuline Form verwendet. Dies betrifft Begriffe wie Lehrer, Kursleiter, Schüler etc. Gemeint sind jedoch immer alle Geschlechter.

S. Schindler-Tschirner und W. Schindler, *Mathematische Geschichten VI – Kombinatorik, Polynome und Beweise,* essentials,
https://doi.org/10.1007/978-3-662-65577-1_1

Wie die Vorgängerbände geht dieses *essential* nicht weiter auf allgemeine didaktische Überlegungen und Theorien ein, die die Begabtenförderung betreffen. Das Literaturverzeichnis enthält für den interessierten Leser eine Auswahl einschlägiger didaktikorientierter Publikationen. Die Wichtigkeit, mathematisch begabte Schüler in der Mittelstufe gezielt zu fördern, wird z. B. von (Ulm et al., 2020) herausgestellt; vgl. (Schindler-Tschirner & Schindler, 2022a, Kap. 1).

Der Fokus dieses *essentials* liegt auf den Aufgaben und den Musterlösungen. Wie in allen „Mathematischen Geschichten" lernen die Schüler neue mathematische Methoden und Techniken kennen und wenden sie an. Damit unterscheiden die „Mathematische Geschichten" grundlegend von manchen reinen Aufgabensammlungen, die interessante und keineswegs triviale Mathematikaufgaben zum Knobeln enthalten, bei denen jedoch aus unserer Sicht das zielgerichtete Erlernen und Anwenden mathematischer Techniken und Methoden weniger Berücksichtigung findet. Das durchgängige Element aller sechs *essential*-Bände ist das Führen von Beweisen, was in der Mathematik von zentraler Bedeutung ist. Im vorliegenden *essential* findet der Leser sorgfältig ausgearbeitete Lerneinheiten, die neben den Aufgaben aus unterschiedlichen Themengebieten und der Einführung mathematischer Techniken vollständige Musterlösungen enthalten. Sie werden durch didaktische Anregungen zur Umsetzung in einer Begabten-AG, einem Förderzirkel oder einer individuellen Förderung ergänzt. Der Schwierigkeitsgrad der Aufgaben wird beibehalten. Das Arbeiten mit diesem *essential* verlangt keine besonderen Schulbücher.

Der Erzählrahmen aus Band V wird fortgeführt. Es treten wieder die Protagonisten Anna und Bernd auf, die die Schüler bereits in den Vorgängerbänden begleitet haben. Deren Charaktere haben sich im Laufe der Zeit entsprechend dem Alter der jeweiligen Zielgruppe weiterentwickelt.

Es erschien den Autoren wenig sinnvoll, lediglich etwas kompliziertere Aufgabenstellungen als im Unterricht der Mittelstufe zu besprechen. Stattdessen enthält dieses *essential* wie auch Band V viele Aufgaben, die im Schulunterricht der Mittelstufe normalerweise kaum Vorbilder haben. Die hier vorgestellten Aufgaben sind viel herausfordernder als die Aufgaben, die in Schulbüchern (verständlicherweise) behandelt werden können. Für leistungsstarke Schüler stellen die Aufgaben zugleich Motivation und Herausforderung dar. Nicht nur mathematische Phantasie und Kreativität sind gefragt, sondern auch Geduld, Ausdauer und Zähigkeit. Neben diesen wichtigen „Softskills" fördert die Beschäftigung mit den Aufgaben Neugier und Konzentrationsfähigkeit. Hierzu vergleiche man auch entsprechende Ausführungen in (Neubauer et al., 2007, S. 7), zur allgemeinen Begabtenförderung.

Dem Wiedererkennen bekannter Strukturen und Sachverhalte, auch in modifizierter Form, wie dem Transfer bekannter Strukturen kommt große Bedeutung zu.

Die Aufgaben sollen bei den Schülern die Freude am Problemlösen wecken bzw. steigern und das mathematische Denken fördern.

Zentrales Element aller Aufgabenkapitel ist ein „alter MaRT-Fall". Dabei steht das Akronym MaRT für „Mathematische Rettungstruppe". Alte MaRT-Fälle sind normalerweise relativ schwierige (Realwelt-)probleme, die mathematische Techniken benötigen und motivieren, die in diesem Kapitel eingeführt werden. Die alten MaRT-Fälle werden daher meist erst gegen Ende des Kapitels gelöst. Kap. 2 knüpft an Kap. 2 und 3 in (Schindler-Tschirner & Schindler, 2021b) an, wobei der Euklidische Algorithmus auf Polynome übertragen wird. Benötigt wird hierfür die Polynomdivision, die die Schüler aus dem Schulunterricht kennen sollten. In Kap. 3 lernen die Schüler den erweiterten Euklidischen Algorithmus (für natürliche Zahlen) kennen. Der erweiterte Euklidische Algorithmus wird u. a. verwendet, um multiplikativ inverse Elemente modulo einer Primzahl zu berechnen. Damit setzt Kap. 3 einerseits die Modulo-Rechnung fort (Schindler-Tschirner & Schindler, 2021b, Kap. 5 und 6), und stellt außerdem wichtige Grundlagen für Kap. 6 dieses *essentials* bereit. Kap. 4 vertieft die Kombinatorikkenntnisse aus (Schindler-Tschirner & Schindler, 2021a, Kap. 6 und 7), während Kap. 5 in die elementare Stochastik einführt. Die Schüler lernen Begriffe wie Zufallsexperiment, Zufallsvariable, Ergebnisraum, Unabhängigkeit, bedingte Wahrscheinlichkeiten und die Formel von Bayes kennen und anzuwenden. Kap. 6 befasst sich mit der Frage, wie man ein Geheimnis so auf mehrere Personen aufteilen kann, dass eine vorher festgelegte Mindestanzahl kooperieren muss, um das Geheimnis zu rekonstruieren. Die Überlegungen lehnen sich an Secret Sharing an, welches in der Kryptographie von Bedeutung ist. Das letzte Aufgabenkapitel, Kap. 7, ist ungewöhnlich, da kein neuer Stoff eingeführt wird. Stattdessen wiederholen und vertiefen die Aufgaben die erlernten mathematischen Techniken aus diesem *essential* und seinem Vorgängerband (Schindler-Tschirner & Schindler, 2022a).

In Tab. II.1 findet der Leser eine Zusammenstellung, welche mathematischen Techniken in den einzelnen Kapiteln eingeführt werden. In den Musterlösungen bieten die „Mathematischen Ziele und Ausblicke" einen Blick über den Tellerrand hinaus.

Am Ende der Mittelstufe (im G8-Schulmodell sogar schon am Ende von Klasse 9) entscheiden die Schüler über ihre individuellen Schwerpunktsetzungen in der Oberstufe. Damit einher geht eine erste Orientierung auf mögliche Studienrichtungen; vgl. auch (Schindler-Tschirner, 2022a, Kap. 1).

Wie seine Vorgängerbände kann dieses *essential* auch gezielt zur Vorbereitung auf Mathematik-Wettbewerbe verwendet werden. Dies betrifft die erlernten mathematischen Methoden und Techniken, aber auch die Aufgaben, in denen diese Techniken Anwendung finden. Wir möchten mathematisch begabte Schüler ausdrücklich ermuntern, an Mathematik-Wettbewerben teilzunehmen. Besondere Bedeutung besitzen neben den Landeswettbewerben Mathematik zweifellos die jährlich stattfindende Mathematikolympiade mit klassenstufenspezifischen Aufgaben (Mathematik-Olympiaden e. V., 1996–2016, 2017–2021) und der Bundeswettbewerb Mathematik (Specht et al., 2020). Der Bundeswettbewerb Mathematik spricht vor allem Oberstufenschüler an, ist aber auch für Mittelstufenschüler offen. Es sei bemerkt, dass man die Aufgaben normalerweise mit den Methoden und Techniken aus den „Mathematischen Geschichten" und dem Schulstoff der Unter- und Mittelstufe bearbeiten kann. Das Literaturverzeichnis enthält Aufgabensammlungen zahlreicher Mathematikwettbewerbe; für weitere Informationen vgl. auch (Schindler-Tschirner & Schindler, 2022a, Kap. 1).

In (Löh et al., 2019) und (Meier, 2003) liegt der Schwerpunkt auf dem Erlernen neuer mathematischer Methoden, aber auch auf dem Lösen konkreter Aufgaben. (Amann, 2017) enthält 300 sorgfältig ausgewählte Aufgaben für den Mathematikunterricht und Arbeitsgemeinschaften in der Sekundarstufe I samt Lösungen und mathematik-didaktischer Ausführungen. Erwähnen möchten wir ferner Monoid (Institut für Mathematik der Johannes-Gutenberg Universität Mainz, 1981–2022), eine Mathematikzeitschrift für Schülerinnen und Schüler, die neben Aufgaben (für die Klassenstufen 5–8 und 9–13) auch schülergerechte Aufsätze zu mathematischen Themen enthält. In (Dangerfield et al., 2020) wird Mathematik aus fünfeinhalb Tausend Jahren unterhaltsam aufbereitet. Dieses Buch lädt zum Schmökern ein.

Als ehemaligen Stipendiaten der Studienstiftung des deutschen Volkes liegt uns Begabtenförderung besonders am Herzen. Wir möchten auch mit unseren beiden neuen *essential*-Bänden die Begabtenförderung unterstützen, Freude und Begeisterung an der Mathematik wecken und fördern und den Blick für die Schönheit und Bedeutung der Mathematik öffnen.

1.2 Didaktische Anmerkungen

Der Leser erkennt die vertraute Struktur aus den Bänden I bis V. Teil I dieses *essentials* besteht wieder aus sechs Aufgabenkapiteln, in denen der Clubvorsitzende Carl Friedrich oder die stellvertretende Clubvorsitzende Emmy die beiden Protagonisten Anna und Bernd (und damit die Schüler) anleitet. Dies geschieht in Erzählform, normalerweise im Dialog mit Anna und Bernd, und natürlich durch die gestellten Übungsaufgaben.

Teil II besteht aus sechs Kapiteln mit vollständigen Musterlösungen der Aufgaben aus Teil I samt didaktischen Hinweisen und Anregungen zur Umsetzung in einer Begabten-AG, einem Lernzirkel oder für eine individuelle Förderung. Die aufgezeigten Lösungswege sind so konzipiert, dass sie prinzipiell auch für Nicht-Mathematiker nachvollziehbar sind, wenngleich ein stärkerer Bezug zur Mathematik notwendig erscheint als in den Vorgängerbänden. Die Musterlösungen sind für den Kursleiter etc. bestimmt. Allerdings dürften leistungsstarke Mittelstufenschüler in der Lage sein, die Musterlösungen zu verstehen und damit zumindest einzelne Teile des *essentials* selbstständig zu erarbeiten. Die Musterlösungskapitel enden mit dem Abschnitt „Mathematische Ziele und Ausblicke". Dort wird u. a. dargestellt, wo die erlernten mathematischen Techniken (meist in einer weiterentwickelten Form) Anwendung finden.

Auch von sehr leistungsstarken Schülern wird keineswegs erwartet, dass sie alle Aufgaben selbstständig lösen können. Es ist sehr wichtig, dass dies den Schülern von Anfang an verdeutlicht wird. Selbst die mathematisch sehr begabten Protagonisten Anna und Bernd benötigen gelegentlich Hilfe und können nicht alle Aufgaben lösen. Bei schwierigen Aufgaben kann es hilfreich sein, diese in kleinen Gruppen zu bearbeiten, was nicht zuletzt die Teamfähigkeit erhöht. Kursleiter und Eltern sollten die Leistungsfähigkeit potentieller AG-Teilnehmer realistisch einschätzen. Dauerhafte Überforderung, Frustrationserlebnisse und eine (zumindest gefühlte) Erfolglosigkeit könnten ansonsten zu einer negativen Einstellung zur Mathematik führen.

Das Anspruchsniveau von Band VI entspricht in etwa dem von Band V. Eine besondere Stellung nimmt Kap. 7 ein. Die Aufgaben erfordern mathematische Techniken aus Band V und den vorangehenden Kapiteln dieses *essentials.* Wir regen an, dass die Kursteilnehmer sich über die Mathematikerinnen und Mathematiker informieren, die in beiden *essentials* erwähnt werden, und beim nächsten Treffen kurz darüber referieren.

Innerhalb der Kapitel steigt der Schwierigkeitsgrad der Aufgaben normalerweise an. Allen Schülern sollte genügend Zeit eingeräumt werden, die Aufgaben selbstständig (gegebenenfalls mit Hilfestellung) zu bearbeiten, auch wenn leistungsstärkere Schüler sich schon an nachfolgenden Aufgaben versuchen. Der Kursleiter sollte die Schüler auch beim Verfolgen alternativer Lösungsansätze unterstützen, die nicht in den Musterlösungen besprochen werden, da für viele mathematische Probleme unterschiedliche Lösungswege existieren. Sogar erfolglose Lösungsansätze können nützliche Erkenntnisse liefern, wenn sie zu einem tieferen Verständnis der Problemstellung führen. Dem Erfassen und Verstehen der Lösungen durch die Schüler sollte in jedem Fall Vorrang vor dem Ziel eingeräumt werden, im Kurs möglichst alle Aufgaben zu bearbeiten.

Es ist kaum möglich, Aufgaben zu entwickeln, die optimal auf die Bedürfnisse jeder Mathematik-AG oder jedes Förderkurses zugeschnitten sind. Es liegt im Ermessen des Kursleiters, Aufgaben wegzulassen, eigene Aufgaben hinzuzufügen und Aufgaben individuell zuzuweisen. Der Kursleiter kann so den Schwierigkeitsgrad in einem gewissen Umfang beeinflussen und der Leistungsfähigkeit seiner Kursteilnehmer anpassen. Es ist zu erwarten, dass die Leistungsfähigkeit der Schüler mit der Klassenstufe ansteigt.

Die einzelnen Kapitel dürften in der Regel zwei oder drei Kurstreffen erfordern. Die Kapitel setzen mehr als die Vorgängerbände I bis IV bestimmten Schulstoff als bekannt (und bei den Schülern als präsent) voraus. Falls erforderlich, kann der Kursleiter Grundlagen aus dem Schulunterricht zunächst mit einfachen Übungsaufgaben wiederholen.

Jeder Schüler sollte regelmäßig die Gelegenheit erhalten, seine Lösungsansätze bzw. seine Lösungen vor den anderen Teilnehmern zu präsentieren. Dadurch wird nicht nur die eigene Lösungsstrategie nochmals reflektiert, sondern auch so wichtige Kompetenzen wie eine klare Darstellung der eigenen Überlegungen und mathematisches Argumentieren und Beweisen geübt. Ebenso kann das nachvollziehbare schriftliche Darstellen einer Lösung geübt werden. Eine erste Beschreibung kann im zweiten Schritt (gemeinsam) sorgfältig durchgegangen, präzisiert und gestrafft werden, bis nur noch die relevanten Schritte in der richtigen Reihenfolge nachvollziehbar beschrieben werden. Im Hinblick auf die kommenden Schuljahre und auf ein etwaiges MINT-Studium gewinnen diese Kompetenzen zunehmend an Bedeutung. Auch setzen Mathematikwettbewerbe diese Fähigkeiten vermehrt voraus.

Vermutlich haben viele Schüler, die mit diesem Buch arbeiten, schon häufig Mitschülern Aufgaben erklärt. Auch in dieser Hinsicht können sie Nutzen aus den Erfahrungen der Protagonisten ziehen, die am Ende der meisten Aufgabenkapitel in der Rubrik „Anna, Bernd und die Schüler" in Dialogform noch einmal reflektiert werden.

1.3 Der Erzählrahmen

In den ‚Club der begeisterten jungen Mathematikerinnen und Mathematiker', oder kurz CBJMM, darf man laut Clubsatzung erst eintreten, wenn man mindestens die fünfte Klasse besucht. Vor ein paar Jahren wurde eine Ausnahme gemacht, und zwar wurden Anna und Bernd aufgenommen, obwohl sie damals erst in der dritten Klasse waren. Allerdings mussten sie zunächst eine Aufnahmeprüfung bestehen. In den Mathematischen Geschichten I und II (Schindler-Tschirner & Schindler, 2019a, b) haben sie dem Clubmaskottchen des CBJMM, dem Zauberlehrling Clemens, in zwölf Kapiteln geholfen, mathematische Abenteuer zu bestehen (d. h. Aufgaben zu lösen), um an begehrte Zauberutensilien zu gelangen.

Innerhalb des CBJMM gibt es eine „Mathematische Rettungstruppe", kurz MaRT, die Aufträge übernimmt, um Hilfesuchenden bei wichtigen und schwierigen mathematischen Problemen zu helfen. In die MaRT werden nur besonders gute und erfahrene Mathematikerinnen und Mathematiker des CBJMM aufgenommen, was aber eigentlich erst ab Klasse 7 möglich ist. Anna und Bernd wurden ausnahmsweise in die MaRT aufgenommen, als sie die fünfte Klasse besuchten. Dazu mussten sie in den Mathematischen Geschichten III und IV (Schindler-Tschirner & Schindler, 2021a, b) erneut eine Aufnahmeprüfung bestehen, die wieder aus zwölf Kapiteln bestand. In den einzelnen Kapiteln gaben verschiedene Mentorinnen und Mentoren Anleitung und Hilfestellungen. Mentorinnen und Mentoren sind erfahrene Mitglieder der MaRT.

Nun möchten Anna und Bernd selbst MaRT-Mentorin bzw. MaRT-Mentor werden. Dafür müssen sie erneut eine Aufnahmeprüfung bestehen, die wie die beiden anderen aus zwölf mathematischen Treffen besteht. Diese Treffen leiten Carl Friedrich und Emmy, der Clubvorsitzende und die stellvertretende Clubvorsitzende des CBJMM, weil die Ernennung neuer MaRT-Mentorinnen und MaRT-Mentoren eine wichtige Angelegenheit ist. Die ersten sechs Treffen haben Anna und Bernd erfolgreich bewältigt (vgl. Mathematische Geschichten V (Schindler-Tschirner & Schindler, 2022a)), aber bevor sie am Ziel sind, müssen sie sich noch sechs Mal bewähren.

Teil I
Aufgaben

Es folgen sechs Kapitel mit Aufgaben, in denen neue mathematische Begriffe und Techniken eingeführt werden. Der Clubvorsitzende des CBJMM, Carl Friedrich, und die stellvertretende Clubvorsitzende Emmy (und natürlich der Kursleiter!) leiten mit ihren Erklärungen und der Zusammenstellung der Aufgaben die Schüler auf den richtigen Lösungsweg. Jedes Kapitel endet mit einem Abschnitt, der das soeben Erlernte aus der Sicht von Anna und Bernd beschreibt. Häufig stellen sie didaktische Überlegungen an. Mit einer kurzen Zusammenfassung, was die Schüler in diesem Kapitel gelernt haben, tritt dieser Abschnitt am Ende aus dem Erzählrahmen heraus. Diese Beschreibung erfolgt nicht in Fachtermini wie in Tab. II.1, sondern in schülergerechter Sprache.

Auch Piraten können Mathematik 2

Emmy kommt zur Tür herein: „Hallo Anna und Bernd! Heute und nächstes Mal bin ich eure Mentorin. Wie üblich, stelle ich euch zunächst einen alten MaRT-Fall vor."

Alter MaRT-Fall Albert hat beim Trödler eine alte Schatzkarte von Piratenkapitän Pythagor gefunden, der bekanntlich eine Leidenschaft für Mathematik hatte. Die Karte beschreibt die Lage einer Schatzkiste relativ zu einem Blockhaus auf einer Karibik-Insel: Man muss nur a Schritte nach Osten, danach b Schritte nach Norden gehen und dann tief graben. Auf der Rückseite der Schatzkarte fand Albert den entscheidenden Hinweis: Die *natürlichen Zahlen* a und b sind implizit durch $s(a) = 7$ und $s(b) = 4$ gegeben, wobei die Funktion $s(x)$ wie folgt definiert ist:

$$s(x) = \frac{45x^6 + 3x^5 - 118x^4 + 94x^3 - 23x^2 - 97x + 96}{6x^6 - x^5 + 79x^4 - 50x^3 - 4x^2 + 51x - 81} \tag{2.1}$$

„Wenn wir den Bruch kürzen könnten, wäre es bestimmt einfacher", bemerkt Bernd. „Wenn es doch Binome wären!", seufzt Anna und schreibt eine ähnliche Aufgabe ans Whiteboard:

a) Kürze den Term $\frac{x^3+1}{x^2+2x+1}$ soweit möglich ($x \neq -1$).

Definition 2.1 Es bezeichnet $\mathbb{N} = \{1, 2, 3, \ldots\}$ die Menge der *natürlichen Zahlen,* und es ist $\mathbb{N}_0 = \{0, 1, 2, \ldots\}$. Wie üblich, bezeichnen $\mathbb{Z}$ die Menge der *ganzen Zahlen* und $\mathbb{R}$ die Menge der *reellen Zahlen.* Außerdem ist $\mathbb{R}^* = \mathbb{R} \setminus \{0\}$.

„Kennt ihr den Unterschied zwischen Polynomen und Polynomfunktionen, Anna und Bernd?"

S. Schindler-Tschirner und W. Schindler, *Mathematische Geschichten VI – Kombinatorik, Polynome und Beweise,* essentials,
https://doi.org/10.1007/978-3-662-65577-1_2

Definition 2.2 Es seien $a_0, a_1, \dots, a_n \in \mathbb{R}$. Dann nennt man $p(x) = a_n x^n + a_{n-1}x^{n-1} + \dots + a_0$ ein *Polynom.* Es bezeichnet x die *Variable,* und $a_0, \dots, a_n$ sind die *Koeffizienten.* Ferner bezeichnet $\mathbb{R}[x]$ die Menge aller Polynome mit reellen Koeffizienten. Ist $t \in \{0, 1, \dots, n\}$ der größte Index mit $a_t \neq 0$, heißt a_t *Leitkoeffizient* von $p(x)$, und $p(x)$ besitzt den *Grad* t, kurz $\deg(p(x)) = t$. Das Nullpolynom $n(x) = 0$ besitzt den Grad $\deg(n(x)) = -\infty$. Eine Funktion $f\colon \mathbb{R} \to \mathbb{R}$ heißt *Polynomfunktion* (oder: *ganzrationale Funktion*), wenn der Funktionsterm ein Polynom ist, also wenn $f(x) = a_n x^n + a_{n-1}x^{n-1} + \dots + a_0$ ist.

b) Welche der folgenden Terme sind Polynome? $p_1(x) = x^2$, $p_2(x) = 0{,}4$, $p_3(x) = 4x^5 + 2^x$, $p_4(x) = \left(\sqrt{3}x^2 - 4x + 1\right)^2$
c) Bestimme $\deg(2x - 1)$, $\deg(-0{,}01x^3 + x^2)$, $\deg(0 \cdot x^8 - x^4 + 1)$ und $\deg((x-1)^3)$.

„Wenn wir über die *Funktion* $f(x) = \frac{x^3+1}{x^2+2x+1}$ sprechen, dann ist sie an der Stelle $x = -1$ nicht definiert“, erklärt Emmy. Dort besitzt nämlich die *Polynomfunktion* $x^2 + 2x + 1$ eine Nullstelle. „Aus dem Unterricht kennt ihr doch die Polynomdivision? Dabei behandelt man x als Variable, ohne hierfür Werte einzusetzen.“

d) Berechne $(x^5 - 5x^4 + x^3 + x^2 - 7x + 5) : (x^3 + 2x + 1)$ mit einer Polynomdivision.
e) Bestimme Polynome $v(x)$ und $r(x)$, für die Gl. (2.2) gilt und $\deg(r(x)) < 2$ ist.

$$\frac{7x^3 - 20x^2 + 30x - 5}{x^2 - 3x + 2} = v(x) + \frac{r(x)}{x^2 - 3x + 2} \tag{2.2}$$

f) Für welche $n \in \mathbb{N}$ ist die Funktion $f\colon \mathbb{N} \to \mathbb{R}$, $f(n) = \frac{2n^3 - 11n^2 + 25n + 18}{n^2 - 5n + 6}$ definiert, und wo ist $f(n)$ ganzzahlig?

„Berechnet man $p(x) : q(x)$ mit einer Polynomdivision, erhält man daraus eine Darstellung $p(x) = v(x)q(x) + r(x)$. Dabei ist stets $\deg(r(x)) < \deg(q(x))$. Wisst ihr, warum das so ist, Anna und Bernd?“ Nach einigem Nachdenken findet Anna die Erklärung: „Wäre $\deg(r(x)) \geq \deg(q(x))$, wäre die Polynomdivision noch nicht beendet. Dann könnte man nämlich von $r(x)$ ein geeignetes Vielfaches von $q(x)$ abziehen und damit den Grad mindestens um 1 reduzieren.“

„Das ist ja alles interessant, aber wie bringt uns das der Lösung des alten MaRT-Falls näher?“, fragt Anna ein wenig ratlos. „Dieser alte MaRT-Fall erinnert mich an unsere Aufnahmeprüfung in die MaRT. Dort wollte ein Graphiker einen Bruch mit den Lebensdaten von René Descartes vollständig kürzen. Da haben wir den Euklidischen Algorithmus kennengelernt.[1]", berichtet Bernd. „Kann man den Euklidischen Algorithmus auch auf Polynome anwenden?" „Das kann man tatsächlich, Bernd. Wir müssen uns zunächst näher mit Polynomen befassen", stellt Emmy fest.

Definition 2.3 Es seien $p(x), q(x) \in \mathbb{R}[x]$. Es ist $q(x)$ ein *Teiler* von $p(x)$, oder kurz $q(x) \mid p(x)$, wenn ein Polynom $v(x) \in \mathbb{R}[x]$ existiert, für das $p(x) = q(x)v(x)$ gilt. Ein Polynom $d(x)$ heißt *größter gemeinsamer Teiler* von $p(x)$ und $q(x)$, falls jeder gemeinsame Teiler von $p(x)$ und $q(x)$ auch $d(x)$ teilt.

g) Beweise: Ist $t(x) \mid p(x)$ und $r \in \mathbb{R}^*$, dann gilt auch $r \cdot t(x) \mid p(x)$.
h) Beweise: Es seien $d_1(x)$ und $d_2(x)$ größte gemeinsame Teiler von $p(x)$ und $q(x)$. Dann existiert ein $r \in \mathbb{R}^*$ mit $d_1(x) = r \cdot d_2(x)$. Umgekehrt ist $r' \cdot d_1(x)$ für jedes $r' \in \mathbb{R}^*$ ebenfalls ein größter gemeinsamer Teiler von $p(x)$ und $q(x)$.

„Das ist ja interessant! Anders als bei natürlichen Zahlen ist bei Polynomen der größte gemeinsame Teiler nur bis auf einen reellen Faktor eindeutig bestimmt", bemerkt Anna. „Eine gute Beobachtung", lobt Emmy. „Komm doch bitte ans Whiteboard und erläutere den Euklidischen Algorithmus für Zahlen an einem Beispiel."

$$189 = 3 \cdot 60 + 9 \tag{2.3}$$
$$60 = 6 \cdot 9 + 6 \tag{2.4}$$
$$9 = 1 \cdot 6 + 3 \tag{2.5}$$
$$6 = 2 \cdot 3 \tag{2.6}$$

Anna erklärt: „Ich habe den größten gemeinsamen Teiler von 189 und 60, kurz $\mathrm{ggT}(189, 60)$, berechnet. Zunächst teilt man 189 mit Rest durch 60, also $189 : 60 = 3$ Rest 9. Das entspricht Gl. (2.3). Dann berechnet man $60 : 9 = 6$ Rest 6. Die Divisionen mit Rest setzt man so lange fort, bis eine Division aufgeht. Aus Gl. (2.6) folgt $\mathrm{ggT}(189, 60) = 3$. Die gleiche Strategie funktioniert für beliebige Zahlen." „Prima, Anna!"

i) Berechne mit dem Euklidischen Algorithmus $\mathrm{ggT}(343, 105)$ und $\mathrm{ggT}(537, 84)$.

Emmy fährt fort: „Ich erkläre jetzt, wie man mit dem Euklidischen Algorithmus den größten, oder genauer gesagt, einen größten gemeinsamen Teiler der Polynome $p(x)$ und $q(x)$ berechnet. Das geht so: Zuerst setzen wir $p_1(x) := p(x)$ und $p_2(x) := q(x)$ und berechnen $p_1(x) : p_2(x)$ mit einer Polynomdivision. Daraus folgt Gl. (2.7), die in unserem Zahlenbeispiel Gl. (2.3) entspricht. Wie ihr

[1] vgl. (Schindler-Tschirner & Schindler, 2021b, Kap. 2 und 3).

seht, ‚wandern' $p_2(x)$ und $p_3(x)$ in der zweiten Gleichung eine Position nach links, und so geht das weiter, bis eine Division aufgeht (Gl. (2.10)). Dabei sind $v_1(x), v_2(x), \ldots, v_{m-1}(x) \in \mathbb{R}[x]$. Das Polynom $p_m(x)$ in Gl. (2.10) ist der gesuchte größte gemeinsame Teiler."

Euklidischer Algorithmus für Polynome

$$p_1(x) = v_1(x) \cdot p_2(x) + p_3(x) \quad \text{mit } 0 \leq \deg(p_3(x)) < \deg(p_2(x)) \tag{2.7}$$

$$p_2(x) = v_2(x) \cdot p_3(x) + p_4(x) \quad \text{mit } 0 \leq \deg(p_4(x)) < \deg(p_3(x)) \tag{2.8}$$

$$\vdots$$

$$p_{m-2}(x) = v_{m-2}(x) \cdot p_{m-1}(x) + p_m(x) \quad \text{mit } 0 \leq \deg(p_m(x)) < \deg(p_{m-1}(x)) \tag{2.9}$$

$$p_{m-1}(x) = v_{m-1}(x) \cdot p_m(x) \tag{2.10}$$

„Die Anzahl der erforderlichen Gleichungen hängt von $p(x)$ und $q(x)$ ab. Wenn $q(x)$ ein Teiler von $p(x)$ ist, befindet man sich sofort in Gl. (2.10)", ergänzt Emmy. „Aber jetzt habe ich genug geredet. Nun seid ihr wieder dran."

j) Beweise, dass der Euklidische Algorithmus für Polynome korrekt ist, also nach endlich vielen Schritten einen größten gemeinsamen Teiler von $p(x)$ und $q(x)$ liefert.
k) Berechne mit dem Euklidischen Algorithmus einen größten gemeinsamen Teiler von $p(x) = x^3 + 3x^2 - 2$ und $q(x) = x^3 + x^2 + 2x + 2$.
l) Löse den alten MaRT-Fall.

Anna, Bernd und die Schüler

„Der Euklidische Algorithmus für Polynome und der Euklidische Algorithmus für natürliche Zahlen sind doch sehr ähnlich", bemerkt Anna. „Polynomdivisionen ersetzen Divisionen mit Rest, und anstelle der Zahlenreste werden die Grade der Restpolynome in jedem Schritt kleiner." „Analogien können sehr hilfreich sein, um Sachverhalte leichter und besser zu verstehen. Mir ist vieles beim Beweis, dass der Euklidische Algorithmus für Polynome korrekt ist, klargeworden", ergänzt Bernd.

Was ich in diesem Kapitel gelernt habe

- Ich kenne jetzt auch den Euklidischen Algorithmus für Polynome.
- Ich habe den Euklidischen Algorithmus angewandt und Beweise geführt.
- Ich weiß jetzt viel mehr über Polynome.

3 Feenstaub und mehr

„Hallo Emmy, was machen wir heute? Für natürliche Zahlen und Polynome kennen wir den Euklidischen Algorithmus ja schon.“ „Heute bleiben wir bei Zahlen, aber wir erweitern den Euklidischen Algorithmus. Lasst euch überraschen!“

Alter MaRT-Fall Heribert Mär ist ein erfolgreicher und phantasiebegabter Kinderbuchautor. Sein neuestes Buch erzählt Abenteuer aus dem Feenreich Septelfia. In Septelfia gibt es nur Münzen zu 7 und 11 Feenkreuzern. Heribert Mär ist detailverliebt; in seinen Büchern sind auch die kleinsten Details schlüssig dargestellt. Nach dem Ausprobieren von kleinen Beträgen hatte er vermutet, dass man jeden ganzzahligen Feenkreuzerbetrag bezahlen kann, wenn Wechselgeld erlaubt ist. Beispielsweise kann man 8 Feenkreuzer bezahlen, indem man zwei 11er-Münzen gibt und als Wechselgeld zwei 7er-Münzen erhält. Und eine zweite Frage beschäftigte ihn: Kann man ab irgendeinem ganzzahligen Betrag alle Beträge bezahlen, ohne Wechselgeld zurückzubekommen? Und wenn ja: Wie groß ist dieser Betrag?

„Zur Einstimmung wiederholen wir den Euklidischen Algorithmus an zwei kleinen Zahlenbeispielen“, Anna und Bernd. „Wie üblich, bezeichnet $\mathrm{ggT}(a, b)$ den größten gemeinsamen Teiler der ganzen Zahlen a und b.

a) Berechne $\mathrm{ggT}(68, 56)$ und $\mathrm{ggT}(490, 343)$ mit dem Euklidischen Algorithmus.

„Der Euklidische Algorithmus kann aber noch mehr!“ Emmy geht ans Whiteboard, an dem immer noch Annas Berechnung des $\mathrm{ggT}(189, 69)$ vom letzten Treffen steht und ergänzt rechts eine Spalte

S. Schindler-Tschirner und W. Schindler, *Mathematische Geschichten VI – Kombinatorik, Polynome und Beweise*, essentials,
https://doi.org/10.1007/978-3-662-65577-1_3

$$189 = 3 \cdot 60 + 9, \qquad 9 = 1 \cdot 189 - 3 \cdot 60 \tag{3.1}$$
$$60 = 6 \cdot 9 + 6, \qquad 6 = 1 \cdot 60 - 6 \cdot 9 \tag{3.2}$$
$$9 = 1 \cdot 6 + 3, \qquad 3 = 1 \cdot 9 - 1 \cdot 6 \tag{3.3}$$
$$6 = 2 \cdot 3, \qquad 3 = 1 \cdot 9 - 1 \cdot (1 \cdot 60 - 6 \cdot 9) = -1 \cdot 60 + 7 \cdot 9 \tag{3.4}$$
$$3 = 7 \cdot (1 \cdot 189 - 3 \cdot 60) - 1 \cdot 60 = 7 \cdot 189 - 22 \cdot 60 \tag{3.5}$$

„In den Gl. (3.1) bis Gl. (3.3) habe ich rechts die Gleichung aus der linken Spalte nach dem Divisionsrest umgestellt", erklärt Emmy. In Gl. (3.4) habe ich die Zahl 6 durch die rechte Gleichung in Gl. (3.2) ersetzt und die Terme zusammengefasst. Danach habe ich noch die rechte Seite von Gl. (3.1) in Gl. (3.5) eingesetzt. Nach dem Zusammenfassen erhält man eine Darstellung von 3, dem ggT(189, 60), als eine Summe von ganzzahligen Vielfachen von 189 und 60. Und das funktioniert immer", fährt Emmy fort. „Man bezeichnet dies als *erweiterten Euklidischen Algorithmus.*"

Erweiterter Euklidischer Algorithmus

Eingabe: $r_1, r_2 \in \mathbb{N}$

$$r_1 = \ell_1 \cdot r_2 + r_3, \qquad r_3 = r_1 - \ell_1 \cdot r_2 \tag{3.6}$$
$$r_2 = \ell_2 \cdot r_3 + r_4, \qquad r_4 = r_2 - \ell_2 \cdot r_3 \tag{3.7}$$
$$\vdots \qquad \vdots \tag{3.8}$$
$$r_{m-2} = \ell_{m-2} \cdot r_{m-1} + r_m, \qquad r_m = r_{m-2} - \ell_{m-2} \cdot r_{m-1} \tag{3.9}$$
$$r_{m-1} = \ell_{m-1} \cdot r_m, \tag{3.10}$$

Ausgabe: $r_m = \text{ggT}(r_1, r_2)$ und $x, y \in \mathbb{Z}$ mit $\text{ggT}(r_1, r_2) = xr_1 + yr_2$

„Wie ihr schon wisst, wird in der linken Spalte schrittweise $r_m = \text{ggT}(r_1, r_2)$ berechnet, wobei $\ell_1, \ldots, \ell_{m-1} \in \mathbb{N}$ ist. In der rechten Spalte sind die Gleichungen nach den Divisionsresten umgestellt. Die gesuchten Zahlen x und y bestimmt man wie in unserem Zahlenbeispiel. Man beginnt mit Gl. (3.9) und setzt schrittweise, von unten nach oben (bis Gl. (3.6)), die Terme aus der rechten Spalte ein und fasst die Vielfachen von r_{m-2} und r_{m-3}, von r_{m-3} und $r_{m-4}, \ldots$ und schließlich von r_2 und r_1 zusammen", beendet Emmy ihre Erklärung. „Aber jetzt müsst ihr den erweiterten Euklidischen Algorithmus unbedingt selbst ausprobieren."

b) Berechne mit dem erweiterten Euklidischen Algorithmus ganze Zahlen x und y, für die $\text{ggT}(84, 35) = 84x + 35y$ gilt.

„Der erweiterte Euklidische Algorithmus ermöglicht unterschiedliche Anwendungen, Anna und Bernd. Einige lernen wir heute kennen."

c) Beweise: Für jede ganze Zahl z besitzt die Gleichung $91x + 9y = z$ ganzzahlige Lösungen, d. h. es existieren $x, y \in \mathbb{Z}$, die diese Gleichung erfüllen. Gib eine Lösung für $z = -79$ an.
d) Für welche $z \in \mathbb{Z}$ besitzt die Gleichung $234a + 102b = z$ ganzzahlige Lösungen (a, b)?
e) (alter MaRT-Fall, Teil 1) Beweise, dass in Septelfia mit Wechselgeld jeder ganzzahlige Feenkreuzerbetrag bezahlt werden kann.

„Der erste Teil des alten MaRT-Falls war schon fast Routine. Allerdings ist die Lösung nicht gerade praxistauglich“, beschwert sich Anna. „Wenn man für 90 Feenkreuzer Schokolade kaufen möchte, legt man 180 11er-Münzen hin und bekommt 270 7er-Münzen zurück.“ „Sieben 11er-Münzen sind genauso viel Wert wie elf 7er-Münzen“, bemerkt Bernd. „So kann man Zahlgeld und Wechselgeld reduzieren.“

f) (alter MaRT-Fall, Teil 2) Beweise, dass man jeden ganzzahlige Betrag ab 77 Feenkreuzern ohne Wechselgeld bezahlen kann. Tipp: Verwende Bernds Idee.
g) (alter MaRT-Fall, Teil 3) Welches ist der größte Betrag, der nicht ohne Wechselgeld bezahlt werden kann?

„Ihr erinnert euch doch sicher noch an die Modulo-Rechnung, nicht wahr“, sagt Emmy. „Natürlich! Wir haben mit der Modulo-Rechnung Wochentage und Uhrzeiten berechnet, Teilbarkeitsregeln angewandt und bewiesen und gezeigt, dass Aufgaben keine Lösungen besitzen können.[1]“ „Ihr habt modulo addiert, subtrahiert und multipliziert. Unter geeigneten Voraussetzungen kann man auch dividieren.“

Definition 3.1 Es sei $m \in \mathbb{N}$, $m \geq 2$. Für $y, z \in \mathbb{Z}$ schreibt man $y \equiv z \mod m$ (sprich: y ist kongruent z modulo m), falls a und b bei der Division durch m denselben Rest besitzen. Ebenso bedeutet $a \not\equiv b \mod m$, dass a und b unterschiedliche m-Reste besitzen. Die Zahl m heißt Modul, und es ist $\mathbb{Z}_m := \{0, 1, \ldots, m-1\}$. Für den Rest dieses Kapitels bezeichnet p eine Primzahl. Ferner ist $\mathbb{Z}_p^* = \{1, \ldots, p-1\}$. Zu $a \in \mathbb{Z}_p^*$ heißt $b \in \mathbb{Z}_p^*$ *multiplikativ inverses Element* modulo p, falls $a \cdot b \equiv 1 \mod p$.

h) Zeige mit dem erweiterten Euklidischem Algorithmus, dass für jedes $a \in \mathbb{Z}_p^*$ ein $s \in \mathbb{Z}_p^*$ existiert, für das $as \equiv 1 \mod p$ gilt.
i) Zeige, zu jedem $a \in \mathbb{Z}_p^*$ genau ein $s \in \mathbb{Z}_p^*$ existiert, für das $as \equiv 1 \mod p$ gilt.

[1] vgl. (Schindler-Tschirner & Schindler 2019b, Kap. 6 und 7) und (Schindler-Tschirner & Schindler 2021b, Kap. 5 und 6).

„Diese Erkenntnisse motivieren die folgende Schreibweise."

Definition 3.2 Zu $a \in Z_p^*$ bezeichnet $a^{-1} \in Z_p^*$ das (eindeutig bestimmte) *multiplikativ inverse Element* modulo p.

„Aus h) und i) lernen wir, dass für $t \in Z$ die Kongruenz $at \equiv 1 \mod p$ genau dann gilt, wenn $t \equiv a^{-1} \mod p$", fährt Emmy fort.

j) Berechne $25^{-1} \mod 79$ mit dem erweiterten Euklidischen Algorithmus.
k) Beweise, dass für jede Primzahl p die lineare Kongruenz

$$ax + b \equiv u \mod p \quad \text{mit } a \in Z_p^*,\ b, u \in Z_p \tag{3.11}$$

genau eine Lösung besitzt und berechne sie.

„Man bezeichnet Kongruenzen wie Gl. (3.11) als *linear,* da x nur in der ersten Potenz auftritt", erklärt Emmy. „Modulo p entspricht eine Division durch a einer Multiplikation mit $a^{-1} \mod p$", stellt Anna fest, und Bernd ergänzt: „Lineare Kongruenzen mod p löst man genauso wie lineare Gleichungen über $\mathbb{R}$." „Treffend analysiert!", lobt Emmy.

l) Löse die lineare Kongruenz $25x - 54 \equiv 7 \mod 79$.

„Gibt es multiplikativ inverse Elemente auch in $Z_m \setminus \{0\}$, wenn m keine Primzahl ist?", fragt Bernd interessiert. „Da ist die Situation komplizierter: Für manche $a \in Z_m \setminus \{0\}$ existieren multiplikativ inverse Elemente, für andere nicht", erklärt Emmy und beschließt den Nachmittag.

Anna, Bernd und die Schüler

„Schade, dass wir die Aufgabe d) nur zur Hälfte geschafft haben", bedauert Anna. „Dafür konnten wir sonst alles lösen. Zum Glück erwarten Carl Friedrich und Emmy nicht, dass wir alle Aufgaben können", meint Bernd.

Was ich in diesem Kapitel gelernt habe

- Ich habe den erweiterten Euklidischen Algorithmus kennengelernt und selbst angewandt.
- Ich habe kleinere Beweise geführt.
- Ich kann jetzt lineare Kongruenzen modulo p lösen, wenn p eine Primzahl ist.

Erfolgreich Sieben

4

„Heute befassen wir uns wieder einmal mit Kombinatorik, beim nächsten Mal mit Stochastik", eröffnet Carl Friedrich das Treffen. „Ich mag Kombinatorik", bemerkt Anna. „Bei unserer Aufnahme in den CBJMM haben wir einfache kombinatorische Fragestellungen gelöst, als wir die Anzahl der Teiler einer natürlichen Zahl bestimmt haben.[1] Bei der Aufnahmeprüfung in die MaRT waren die Aufgaben schon deutlich schwieriger.[2]"

Alter MaRT-Fall Kaila bereitet ein PubQuiz zum Thema „Faktor 1000" vor. Kaila möchte auch eine mathematische Frage einbauen, und zwar: Wieviele natürliche Zahlen liegen zwischen 100 und 100.000, die durch mindestens eine der Zahlen 3, 7 und 13 ohne Rest teilbar sind? Natürlich sollen die Teilnehmer die Anzahl nicht selbst berechnen, sondern nur aus vier Multiple-Choice-Antworten auswählen. Allerdings muss sich Kaila sicher sein, dass ihre Lösung richtig ist.

„Zunächst wiederholen wir einige Definitionen."

Definition 4.1 Für $n \in \mathbb{N}$ ist $n! = 1 \cdot 2 \cdots (n-1) \cdot n$, und außerdem ist $0! = 1$. Sprechweise: *„n Fakultät"*. Es seien k und n natürliche Zahlen, für die $0 \leq k \leq n$ gilt. Man bezeichnet

$$\binom{n}{k} = \frac{n!}{(n-k)! \cdot k!} \tag{4.1}$$

als *Binomialkoeffizient* (Sprechweise: „n über k"). Unter einer *Permutation* versteht man die Anordnung von Objekten in einer bestimmten Reihenfolge. Die Objekte können unterscheidbar sein, müssen es aber nicht.

---

[1] vgl. (Schindler-Tschirner & Schindler, 2019b, Kap. 5).

[2] vgl. (Schindler-Tschirner & Schindler, 2021a, Kap. 6 und 7).

S. Schindler-Tschirner und W. Schindler, *Mathematische Geschichten VI – Kombinatorik, Polynome und Beweise,* essentials,
https://doi.org/10.1007/978-3-662-65577-1_4

„Erinnert ihr euch noch an die Unterschiede zwischen geordneten und ungeordneten Stichproben und zwischen dem Ziehen mit und ohne Zurücklegen?“ Anna und Bernd nicken, und Carl Friedrich fährt fort: „Schreibt doch bitte die wichtigsten Ergebnisse an das Whiteboard.“

- In einer Urne befinden sich n unterscheidbare Kugeln. Es wird k Mal hintereinander eine Kugel gezogen. Wir unterscheiden drei Fälle
  - Ziehen mit Zurücklegen, geordnete Stichprobe:
    Es gibt n^k mögliche Anordnungen.
  - Ziehen ohne Zurücklegen, geordnete Stichprobe, $k \leq n$:
    Es gibt $n(n-1)\cdots(n-k+1)$ mögliche Anordnungen. Man spricht hier auch von Variationen.
  - Ziehen ohne Zurücklegen, ungeordnete Stichprobe, $k \leq n$:
    Es gibt $\binom{n}{k}$ verschiedene Stichproben. Man spricht hier auch von Kombinationen.

„Es gibt noch einen vierten Fall, nämlich ungeordnete Stichproben beim Ziehen mit Zurücklegen, aber das ist etwas schwieriger. Hier sind ein paar Aufgaben, damit ihr wieder mit den ‚Basics‘ vertraut werdet.“

a) Wieviele Permutationen besitzen die Wörter „Bogen“ und „ABAKADABRA“? Anmerkung: Die Permutationen müssen keine Sinn ergeben.
b) Die Herren Meier, Müller und Schneider spielen Skat. Wieviele verschiedene Kartenblätter kann Herr Meier erhalten? Ein Skatblatt besteht aus 32 Karten. Jeder Spieler erhält 10 Karten, und 2 Karten liegen im „Skat“.
c) In der früher beliebten „11er-Wette“ musste man für 11 vorgegebene Fußballspiele tippen, ob die Heimmannschaft gewinnt (Tipp: 1), die Auswärtsmannschaft gewinnt (Tipp: 2) oder das Spiel unentschieden ausgeht (Tipp: 0). Wieviele unterschiedliche Tipps waren möglich?

Definition 4.2 Es seien M_1 und M_2 Mengen. Es bezeichnen $M_1 \cap M_2$ den *Durchschnitt* und $M_1 \cup M_2$ die *Vereinigung* der Mengen M_1 und M_2. Ferner bedeutet $M_1 \subseteq M_2$, dass M_1 eine *Teilmenge* von M_2 ist, und $M_1 \setminus M_2 = \{m \in M_1 \mid m \notin M_2\}$. Für eine endliche Menge M gibt $|M|$ deren *Mächtigkeit* an, d.h. die Anzahl ihrer Elemente.

„Die Aufgaben d) – f) arbeiten auf die Siebformel hin und motivieren sie.“

d) Es bezeichne (i) A die Menge aller Zahlen zwischen 3 und 333, die durch 33 teilbar sind, (ii) B die Menge aller natürlichen Zahlen, deren Binärdarstellung höchstens 7 Binärziffern besitzt. Bestimme $|A|$ und $|B|$.
e) Wieviele Zahlen zwischen 1 und 10^6 sind durch 4 und durch 9 teilbar?
f) Wieviele Zahlen zwischen 1 und 10^6 sind durch 4 oder 9 teilbar?
Anmerkung: „oder“ bedeutet, dass eine Zahl durch *mindestens* eine der beiden Zahlen 4 und 9 teilbar ist.

Nach längerem erfolglosen Nachdenken und Probieren bitten Anna und Bernd Carl Friedrich um einen Hinweis, wie man Aufgabe f) lösen kann: „Aufgabe e) war ja einfach. Da mussten wir nur $|A_4 \cap A_9|$, also $|A_{36}|$ bestimmen. Gibt es auch so eine einfache Formel für $|A_4 \cup A_9|$? Wäre die obere Grenze nicht eine Million, sondern vielleicht 100, könnten wir die Zahlen in einer Liste markieren und dann zählen.“ „Es gibt eine sehr nützliche, allgemein anwendbare Formel, die ihr euch gut merken solltet“, erklärt Carl Friedrich.

Siebformel (auch: **Prinzip der Inklusion und Exklusion**): Es seien A und B zwei endliche Mengen. Dann gilt

$$|A \cup B| = |A| + |B| - |A \cap B| \tag{4.2}$$

„Meistens ist es deutlich einfacher, $|A|$, $|B|$ und $|A \cap B|$ zu bestimmen als auf direktem Weg $|A \cup B|$. Dass die Siebformel richtig ist, sieht man sofort, wenn man das Venn-Diagramm in Abb. 4.1 betrachtet: Ist $m \in A \setminus B$, wird m nur in $|A|$ mitgezählt, während $m \in B \setminus A$ nur in $|B|$ erfasst wird. Jedes $m \in A \cap B$ wird sowohl in $|A|$ als auch in $|B|$ berücksichtigt. Deshalb wird in Gl. (4.2) der Term $|A \cap B|$ abgezogen.“

g) Löse Aufgabe f) mit Hilfe der Siebformel.
h) Für zwei endliche Mengen S und T gilt: $|S \cup T| = 13$ und $|S \cap T| = 4$. Was kann man über $|S|$ sagen?
i) Beweise die Siebformel für drei Mengen:

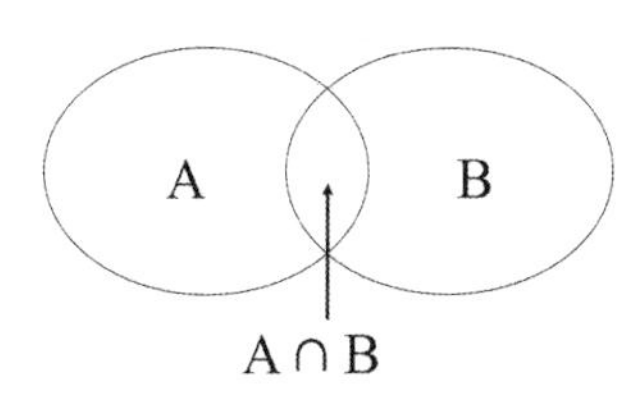

Abb. 4.1 Siebformel für zwei Mengen

$$|A \cup B \cup C| = |A| + |B| + |C| - |A \cap B| - |A \cap C| - |B \cap C| + |A \cap B \cap C| \quad (4.3)$$

j) (alter MaRT-Fall) Kaila hat die Aufgabe tatsächlich im PubQuiz gestellt. Vier Antwortmöglichkeiten standen zur Auswahl: (A) 33.000, (B) 42.789, (C) 47.206, (D) 55.001. Welche Antwort ist richtig?

Definition 4.3 Eine Abbildung $\varphi\colon M_1 \to M_2$ heißt *bijektiv,* falls jedes Element $m_2 \in M_2$ genau ein Urbild besitzt.

„Der alte MaRT-Fall ist geschafft. Jetzt lernt ihr noch eine Technik kennen, die zum Abzählen von endlichen Mengen nützlich sein kann. Ist die Abbildung $\varphi\colon M_1 \to M_2$ bijektiv, enthalten M_1 und M_2 gleich viele Elemente. Aber manchmal kann man $|M_2|$ viel einfacher bestimmen als $|M_1|$“, erklärt Carl Friedrich.

k) Beweise, dass jede endliche Menge M genau $2^{|M|}$ Teilmengen besitzt. Definiere hierfür eine bijektive Abbildung zwischen der Potenzmenge $\mathcal{P}(M) = \{T \mid T \subseteq M\}$ und der Menge aller 0–1-Folgen der Länge $|M|$.

Anna, Bernd und die Schüler

„Jetzt kennen wir schon drei Beweise, dass jede n-elementige Menge 2^n Teilmengen besitzt: mit vollständiger Induktion, mit dem binomischen Lehrsatz[3] und jetzt durch eine geschickt gewählte bijektive Abbildung“, fasst Anna zusammen, und Bernd resümiert: „Daran sollten wir uns erinnern, wenn wir selbst einmal Mentoren sind und die Schüler andere Lösungsansätze verfolgen, als wir vorgesehen haben.“

Was ich in diesem Kapitel gelernt habe

- Ich habe die Urnenmodelle wiederholt.
- Ich habe die Siebformel kennengelernt und angewandt.
- Manchmal helfen bijektive Abbildungen, um endliche Mengen zu zählen.

[3] vgl. (Schindler-Tschirner & Schindler, 2022a, Kap. 3 und 5).

5 Zum Schluss eine dicke Überraschung

„Hallo Carl Friedrich, wir sind schon sehr auf Stochastik und besonders auf den alten MaRT-Fall gespannt.“

Alter MaRT-Fall In einem fernen Land sind $0{,}1\,\%$ der Bevölkerung mit einem gefährlichen Virus infiziert. Wenn eine Infektion vorliegt, erkennt ein Schnelltest dies mit Sicherheit, aber leider zeigt er auch bei nichtinfizierten Personen in $1\,\%$ der Fälle irrtümlich ein positives Ergebnis (d. h. eine Infektion) an. Die Gesundheitsministerin möchte wissen, mit welcher Wahrscheinlichkeit eine Person tatsächlich erkrankt ist, wenn der Schnelltest eine Infektion anzeigt.

„Bevor man einen Würfel geworfen hat, kann man nur die Wahrscheinlichkeiten angeben, mit denen die möglichen Augenzahlen auftreten“, beginnt Carl Friedrich den Nachmittag. „Bei einem *fairen* Würfel tritt jede Augenzahl mit der Wahrscheinlichkeit $\frac{1}{6}$ auf. Man kann ein Zufallsexperiment, z. B. den Wurf eines Würfels oder einer Münze, durch die möglichen Ergebnisse und die Wahrscheinlichkeiten beschreiben, mit denen diese auftreten. Wir beschränken uns heute auf Zufallsexperimente, die nur *endlich viele verschiedene Ergebnisse* annehmen können.“

Definition 5.1 Der *Ergebnisraum* eines Zufallsexperiments ist eine nichtleere, endliche Menge $\Omega = \{\omega_1, \ldots, \omega_m\}$. Die Elemente von Ω sind die *Ergebnisse,* die das Zufallsexperiment annehmen kann, und die Teilmengen von Ω bezeichnet man als *Ereignisse.* Für ein Ereignis E nennt man $E^c = \Omega \setminus E$ das *Gegenereignis* (auch: *Komplementärereignis*) von E. Ferner bezeichnet $\mathrm{P}(\{\omega_j\})$ die *Wahrscheinlichkeit,* dass das Ergebnis ω_j angenommen wird und $\mathrm{P}(E)$ die Wahrscheinlichkeit, dass das Ergebnis des Zufallsexperiments in E enthalten ist. Bei einem *Laplace-Experiment* werden alle Ergebnisse mit derselben Wahrscheinlichkeit angenommen.

S. Schindler-Tschirner und W. Schindler, *Mathematische Geschichten VI – Kombinatorik, Polynome und Beweise,* essentials,
https://doi.org/10.1007/978-3-662-65577-1_5

„Sind zwei Ereignisse A und B *disjunkt*, ist also $A \cap B = \{\}$, dann ist $\mathrm{P}(A \cup B) = \mathrm{P}(A) + \mathrm{P}(B)$. So ist z. B. $\mathrm{P}(\{\omega_1, \omega_2\}) = \mathrm{P}(\{\omega_1\}) + \mathrm{P}(\{\omega_2\})$, falls $\omega_i \neq \omega_j$", erklärt Carl Friedrich. „Es ist $\mathrm{P}(\Omega) = \mathrm{P}(\{\omega_1\}) + \cdots + \mathrm{P}(\{\omega_m\}) = 1$, weil das Zufallsexperiment ja irgendein Ergebnis annehmen muss, und ebenso ist $\mathrm{P}(\{\}) = 0$, weil das Ereignis $\{\}$ kein Ergebnis enthält.

a) Betrachte (i) einen Münzwurf und (ii) den Wurf eines Würfels. Gib zu beiden Zufallsexperimenten einen geeigneten Ergebnisraum an.
b) Wie groß ist die Wahrscheinlichkeit, mit einem fairen Würfel eine gerade Augenzahl zu würfeln? Definiere zunächst das zugehörige Ereignis. Wie lautet das Gegenereignis?
c) Es wird ein Würfel geworfen und danach noch eine Münze. Gib den gemeinsamen Ergebnisraum dieses mehrstufigen Zufallsexperiments an. Bestimme den Ergebnisraum, wenn ein Würfel drei Mal hintereinander geworfen wird (ohne Münzwurf). Wie groß sind die beiden Ergebnisräume?
d) Beweise: Für ein Laplace-Experiment mit Ergebnisraum Ω gilt

$$\mathrm{P}(E) = \frac{|E|}{|\Omega|} \qquad \text{für alle } E \subseteq \Omega \tag{5.1}$$

e) Auf einem Schulfest wird Mini-Lotto „3 aus 15" gespielt. Ein Tipp besteht darin, drei Zahlen zwischen 1 bis 15 anzukreuzen. Am späten Nachmittag werden 15 Kugeln (beschriftet mit 1 bis 15) in einen Lostopf gelegt und drei Kugeln ohne Zurücklegen gezogen. Charly hat einen Tipp abgegeben. Wie groß ist die Wahrscheinlichkeit, dass Charly die gezogenen Zahlen getippt hat?

„Laplace-Experimente sind eine schöne Sache", stellt Anna fest. „Das vereinfacht das Berechnen von Wahrscheinlichkeiten auf rein kombinatorische Fragestellungen." „Gut beobachtet!", erwidert Carl Friedrich.

„Die für eine Fragestellung relevanten Eigenschaften eines Zufallsexperiments mit Ergebnisraum Ω kann man durch eine Zufallsvariable X beschreiben."

Definition 5.2 Gegeben sei ein Ergebnisraum $\Omega = \{\omega_1, \ldots, \omega_m\}$, wobei ω_j mit der Wahrscheinlichkeit $\mathrm{P}(\{\omega_j\})$ angenommen wird. Eine *Zufallsvariable* X ist eine Abbildung $X\colon \Omega \to \mathbb{R}$. Wenn eine Zufallsvariable X jedes Ergebnis seines Ergebnisraums $\Omega' = \{X(\omega_j) \mid \omega_j \in \Omega\}$ mit Wahrscheinlichkeit $\frac{1}{|\Omega'|}$ annimmt, nennt man X *gleichverteilt* (auf Ω'). Eine Zufallsvariable Y heißt *Bernoulli-verteilt* mit Parameter p, oder kurz: $B(1, p)$-verteilt, wenn $\Omega' = \{0, 1\}$ ist und $\mathrm{P}(Y = 1) = p$. Einen Wert, den eine Zufallsvariable X annimmt, bezeichnet man als *Realisierung* von X.

„Wir beschränken uns heute auf endliche Ergebnisräume Ω und Ω'. Im Allgemeinen müssen Ergebnisräume aber nicht endlich sein. Häufig ist $\Omega' = \mathbb{N}_0$ oder $\Omega' = \mathbb{R}$, aber diese Fälle sind komplizierter. Auch müssen der Ergebnisraum Ω' und die Wahrscheinlichkeiten, mit der die Ereignisse angenommen werden, nicht unbedingt ein reales Zufallsexperiment modellieren“, erklärt Carl Friedrich. Er ist ganz in seinem Element, weil er Stochastik besonders mag.

f) In einer Urne befinden sich sieben Kugeln, die mit den Zahlen 1 bis 7 beschriftet sind. Es wird eine Kugel gezogen. Gib einen geeigneten Ergebnisraum Ω und eine Zufallsvariable X an, die dieses Zufallsexperiment beschreibt. Nimm an, dass die Ziehung einer Kugel einem Laplace-Experiment entspricht. Wie groß ist die Wahrscheinlichkeit, dass eine Quadratzahl gezogen wird?

Definition 5.3 Es bezeichnen X_1 und X_2 Zufallsvariablen mit den Ergebnisräumen Ω'_1 und Ω'_2. Man nennt die Zufallsvariablen X_1 und X_2 *unabhängig*, falls $\mathrm{P}(X_1 = \omega'_1, X_2 = \omega'_2) = \mathrm{P}(X_1 = \omega'_1) \cdot \mathrm{P}(X_2 = \omega'_2)$ für alle $\omega'_1 \in \Omega'_1, \omega'_2 \in \Omega'_2$ gilt. Allgemein gilt für $k \geq 2$: Die Zufallsvariablen $X_1, \ldots, X_k$ (mit den Ergebnisräumen $\Omega'_1, \ldots, \Omega'_k$) heißen unabhängig, falls $\mathrm{P}(X_1 = \omega_1, \ldots, X_k = \omega_k) = \mathrm{P}(X_1 = \omega'_1) \cdots \mathrm{P}(X_k = \omega'_k)$ für alle $\omega'_1 \in \Omega'_1, \ldots, \omega'_k \in \Omega'_k$ gilt.

„Laplace-Experimente kann man mit gleichverteilten Zufallsvariablen modellieren. Manche Zufallsexperimente, wie z. B. drei Würfelwürfe, kann man mit unabhängigen Zufallsvariablen beschreiben“, stellt Carl Friedrich klar. „Das kann ein Würfel sein, der drei Mal geworfen wird oder drei Würfel, die je ein Mal geworfen werden. Schließlich haben Würfel kein Gedächtnis.“

g) Ein fairer Würfel wird zwei Mal hintereinander geworfen. Wie groß ist die Wahrscheinlichkeit, dass die Summe 8 beträgt?

„Sind die Zufallsvariablen X und Y unabhängig, gilt übrigens für alle Ereignisse A und B die Gleichheit $\mathrm{P}(X \in A, Y \in B) = \mathrm{P}(X \in A) \cdot \mathrm{P}(Y \in B)$. Der Beweis ist nicht allzu schwierig, aber den schenken wir uns“, erklärt Carl Friedrich. „Das gleiche gilt allgemein für k unabhängige Zufallsvariablen $X_1, \ldots, X_k$: Für beliebige Ereignisse $A_1 \subseteq \Omega'_1$, $A_2 \subseteq \Omega'_2$, ..., $A_k \subseteq \Omega'_k$, ist $\mathrm{P}(X_1 \in A_1, \ldots, X_k \in A_k) = \mathrm{P}(X_1 \in A_1) \cdots \mathrm{P}(X_k \in A_k)$. Die Zufallsvariablen $X_1, \ldots, X_k$ können z. B. k Würfelwürfe modellieren.“

h) Bestimme die Wahrscheinlichkeit, dass bei 3 Würfen mit einem fairen Würfel mindestens eine 6 auftritt. Tipp: Betrachte das Gegenereignis.

i) Die Zufallsvariablen $X_1, \ldots, X_7$ seien unabhängig und $B(1, p)$-verteilt. Berechne $\mathrm{P}(X_1 + \cdots + X_7 = 3)$.

Binomialverteilung: Es seien $X_1, \ldots, X_n$ unabhängige und identisch $B(1, p)$-verteilte Zufallsvariablen und $Y = X_1 + \cdots + X_n$. Dann ist die Zufallsvariable Y *binomialverteilt* mit den Parametern n und p (oder kurz: $B(n, p)$-verteilt).

$$\mathrm{P}(Y = k) = \binom{n}{k} p^k (1-p)^{n-k} \quad \text{für alle } k \in \{0, \ldots, n\} \tag{5.2}$$

„In der letzten Aufgabe habt ihr einen Spezialfall der Binomialverteilung bewiesen. Nach einer letzten Definition seid ihr wieder dran", fährt Carl Friedrich fort.

Definition 5.4 Es seien A und B Ereignisse. Unter $\mathrm{P}(A \mid B)$ versteht man die *bedingte Wahrscheinlichkeit,* dass A eintritt, wenn B eingetreten ist. Ist $\mathrm{P}(B) > 0$, so ist $\mathrm{P}(A \mid B) = \frac{\mathrm{P}(A \cap B)}{\mathrm{P}(B)}$. Ebenso bezeichnet $\mathrm{P}(X \in A \mid Y \in B)$ die bedingte Wahrscheinlichkeit, dass die Zufallsvariable X ein Ergebnis in A annimmt, falls $Y \in B$.

j) Berechne für Aufgabe i) die bedingte Wahrscheinlichkeit $\mathrm{P}(X_4 = 1 \mid Y = 3)$.
k) Beweise: Sind die Zufallsvariablen X und Y unabhängig, gilt $\mathrm{P}(X = x \mid Y = y) = \mathrm{P}(X = x)$ für alle Ergebnispaare (x, y), falls $\mathrm{P}(Y = y) > 0$.
l) Für die Ereignisse A und B gelte $\mathrm{P}(A), \mathrm{P}(B) > 0$. Beweise

$$\mathrm{P}(A \mid B) = \frac{\mathrm{P}(B \mid A) \cdot \mathrm{P}(A)}{\mathrm{P}(B)} \quad \text{(Formel von Bayes)} \tag{5.3}$$

m) Löse den alten MaRT-Fall.

Anna, Bernd und die Schüler

„Der alte MaRT-Fall war für mich eine Riesenüberraschung", stellt Anna erstaunt fest. „Zum Glück wissen wir jetzt, wie man solche bedingten Wahrscheinlichkeiten berechnet und müssen uns nicht auf unser Gefühl verlassen", pflichtet ihr Bernd bei.

Was ich in diesem Kapitel gelernt habe

- Ich weiß jetzt, was ein Ergebnis, ein Ereignis und eine Zufallsvariable sind.
- Ich konnte Kenntnisse aus der Kombinatorik anwenden.
- Ich weiß jetzt, was eine bedingte Wahrscheinlichkeit ist.

Geteilte Geheimnisse 6

„Hallo, Anna und Bernd! Heute untersuchen wir, wie man Geheimnisse unter mehreren Personen aufteilen kann", eröffnet Carl Friedrich den Nachmittag. „Haben die Geheimnisse etwas mit Klatsch und Tratsch zu tun?", fragt Bernd neugierig. „Nein, natürlich nicht. Wartet ab!", lacht Carl Friedrich.

Alter MaRT-Fall Direktor Theodor Tresor besitzt einen Safe, in dem Geld und wichtige Firmendokumente liegen. Um den Safe zu öffnen, benötigt man eine 6-stellige Zahlenkombination sk. Direktor Tresor möchte eine Weltreise machen, aber in Notfällen muss es möglich sein, den Safe zu öffnen. Natürlich könnte er einem oder mehreren seiner 5 Abteilungsleiter sk verraten, aber Direktor Tresor ist ziemlich misstrauisch. Wenn aber mindestens 2 Abteilungsleiter (oder noch besser: 3 Abteilungsleiter) kooperieren, sollen sie *gemeinsam* in der Lage sein, den Safe zu öffnen. Mehr als 3 Abteilungsleiter sollen zum Öffnen des Safes aber nicht nötig sein, weil häufig einer oder zwei in Urlaub oder auf einer Dienstreise ist.

„Wie üblich, beginnen wir mit einfacheren Aufgaben, bevor wir den alten MaRT-Fall angehen", erklärt Carl Friedrich das weitere Vorgehen.

Definition 6.1 Wie bisher bedeutet $y \equiv z \bmod m$, dass y und z kongruent modulo m sind. Für $z \in \mathrm{Z}$ bezeichnen wir mit $z(\bmod m)$ dasjenige Element in $\mathrm{Z}_m = \{0, 1, \ldots, m-1\}$, das zu z kongruent modulo m ist.

„Es ist also $z(\bmod m) \equiv z \bmod m$, nicht wahr?", stellt Bernd fragend fest. Carl Friedrich nickt zustimmend und fährt fort: „In diesem Kapitel ist häufig davon die Rede, dass eine Zahl *zufällig* ausgewählt wird. Damit ist gemeint, dass jede Zahl im zulässigen Wertebereich mit der gleichen Wahrscheinlichkeit ausgewählt wird." „Die Auswahl könnte man als ein Laplace-Experiment auffassen", ergänzt Anna.

S. Schindler-Tschirner und W. Schindler, *Mathematische Geschichten VI – Kombinatorik, Polynome und Beweise,* essentials,
https://doi.org/10.1007/978-3-662-65577-1_6

„Peter hat sich ein Verfahren ausgedacht, mit dem er das Wissen über eine geheime, zufällig ausgewählte Zahl $z \in \mathbb{Z}_m$ auf seine beiden Freunde Paul und Pepe aufteilen kann. Paul erhält eine weitere, ebenfalls zufällig gewählte Zahl $x \in \mathbb{Z}_m$, und Pepe verrät er $y = (z - x)(\bmod m)$“.

a) Wie können Paul und Pepe aus ihren Teilgeheimnissen gemeinsam die gesuchte Zahl z berechnen?
b) Berechne das Geheimnis z für
(i) $m = 14, x = 8, y = 9$, (ii) $m = 164, x = 58, y = 99$.
c) Wie groß ist die Wahrscheinlichkeit, dass Eva (die weder x noch y kennt) die Zahl $z \in \mathbb{Z}_m$ in einem bzw. in (maximal) t Versuchen errät? Wie verhält sich dies für Paul? Gehe davon aus, dass Eva und Paul die beste Ratestrategie wählen.
d) Ist für Pepe die Wahrscheinlichkeit, z zu erraten, größer als für Eva und Paul?

„Das grenzt ja an Hexerei! Allein können Paul und Pepe mit ihrem Wissen nichts anfangen; sie wissen nicht mehr als Eva. Zu zweit kennen aber sie das ganze Geheimnis z!“, ruft Anna bewundernd. „Kann man diese Idee nicht auf n Personen verallgemeinern, indem man den ersten $n - 1$ Personen zufällig gewählte Zahlen $x_1, \ldots, x_{n-1} \in \mathbb{Z}_m$ gibt und Person n die Differenz $x_n = (z - x_1 - \cdots - x_{n-1})(\bmod m)$?“, fragt Bernd. „Das ist absolut richtig“, lobt Carl Friedrich.

e) Die Filmdiva Gloria Gloriosa möchte den sechs anwesenden Klatschreportern ihr Alter nicht verraten. Schließlich lässt sie sich überreden, jedem Reporter eine der Zahlen $x_1 = 23, x_2 = 87, x_3 = 24, x_4 = 50, x_5 = 0, x_6 = 77$ zu geben. Wenn man alle Zahlen addiert, ergibt der Hunderterrest ihr Alter. Allerdings weiß die Diva, dass die Reporter untereinander verfeindet sind und ist sich deshalb sicher, dass sie nicht kooperieren werden. Wie alt ist Gloria Gloriosa?

„Bei n Personen besitzen selbst $n-1$ Personen zusammen gar keine Information über z. Das kann man so beweisen, wie ihr das für den Spezialfall $n = 2$ schon gemacht habt. Man muss zeigen, dass X_n gleichverteilt ist und dass für jede $(n-1)$-elementige Teilmenge der Zufallsvariablen $X_1, \ldots, X_n$ diese Teilmenge und Z unabhängig sind. Diesen Beweis sparen wir uns“, sagt Carl Friedrich.

„Für unseren alten MaRT-Fall ist dieser Ansatz leider unbrauchbar, weil dabei alle Besitzer der Teilgeheimnisse zusammenarbeiten müssen. Nach einigen Überlegungen und Diskussionen kam in der MaRT eine interessante Idee auf. Direktor Tresor denkt sich ganze Zahlen a_0 und a_1 aus und hält diese geheim. Daraus bildet er die Polynomfunktion $f(x) = a_1 x + a_0$ und gibt jedem seiner fünf Abteilungsleiter eines der Wertepaare $(1, f(1))$, $(2, f(2))$, $(3, f(3))$, $(4, f(4))$, $(5, f(5))$, also

Punkte auf dem Funktionsgraphen von f. Die geheime Safekombination sk ergibt sich aus den 6 letzten Ziffern von $f(11)$", erklärt Carl Friedrich. „Super Idee!", meint Anna voller Anerkennung. „Die Polynomfunktion beschreibt eine Gerade, und zwei Punkte legen eine Gerade eindeutig fest! Aus ihren Teilgeheimnissen können zwei Abteilungsleiter zuerst a_0 und a_1 und schließlich $sk = f(11)(\text{mod } 10^6)$ berechnen."

f) (alter MaRT-Fall, 1. Ansatz) Angenommen, Direktor Tresor hat den Herren Artelt und Detlefsen die Teilgeheimnisse (1,510.767) bzw. (4,1.940.234) gegeben. Berechne die geheime Safekombination sk.
g) (alter MaRT-Fall, 1. Ansatz) Beschreibe ein Verfahren, bei dem mindestens drei Abteilungsleiter zusammenarbeiten müssen.
h) (alter MaRT-Fall, 1. Ansatz) Angenommen, Direktor Tresor hat die Polynomfunktion $f_2(x) = a_2x^2 + a_1x + a_0$ gewählt und Herrn Artelt (1,805.316), Frau Cochem (3,2.690.520) und Frau Eriksen (5,6.451.804) gegeben. Die geheime Safekombination sk ergibt sich aus den 6 letzten Ziffern von $f_2(9)$. Berechne sk.

„Damit wäre auch dieser alte MaRT-Fall erfolgreich abgeschlossen", freuen sich Anna und Bernd. „Nicht ganz so schnell!", bremst Carl Friedrich die Euphorie. „Leider hat die Lösung einen Schönheitsfehler. Was erwarten wir, wenn wir ein Geheimnis auf n Personen aufteilen und wenigstens k davon kooperieren müssen?" „Dass $k - 1$ Personen zusammen nicht mehr wissen als jemand, der zwar das Verfahren, aber nicht einmal ein einziges Teilgeheimnis kennt", vermutet Anna. „Sehr gut! Mal sehen, ob das hier erfüllt ist. In Aufgabe i) ergibt sich die Safekombination sk aus $f(0)$ anstatt aus $f(11)$, und es ist $a_0, a_1 \in Z_m$. Das vereinfacht die Analyse, legt aber dennoch grundsätzliche Schwächen offen", fährt Carl Friedrich fort.

i) (alter MaRT-Fall, 1. Ansatz) Wie in Aufgabe f) hat Direktor Tresor eine Polynomfunktion $f(x) = a_1x + a_0$ gewählt, wobei a_0, a_1 unabhängig und zufällig (gleichverteilt) aus Z_{10^6} gewählt wurden. Ferner ist $sk = f(0) = a_0$. Welche Information besitzen Eva (kennt kein Teilgeheimnis), Herr Artelt (kennt Teilgeheimnis (1, 510.767)) und Herr Detlefsen (kennt Teilgeheimnis (4,1.940.234)).

„Das ist überraschend und auch ein wenig erschreckend, wie ungleich die individuellen Informationen sind. Jedenfalls wird das angepeilte Ziel deutlich verfehlt", resümiert Bernd. „Die ursprüngliche Idee ist aber trotzdem gut; man muss sie nur mit der Modulo-Rechnung kombinieren", fährt Carl Friedrich fort.

j) (Geheimnis in Z_p) Es sei p eine Primzahl und $f(x) = a_1x + a_0$, wobei die Koeffizienten $a_0, a_1 \in Z_p$ unabhängig und zufällig (gleichverteilt) gewählt wurden. Von n Personen erhält jede ein anderes Teilgeheimnis (x_j, y_j). Für $j = 1, \ldots, n$ ist $x_j \in Z_p^*$ und $y_j = f(x_j)(\text{mod } p)$. Das gesuchte Geheimnis ist $z = a_0$. Wie können zwei Personen aus ihren Teilgeheimnissen z berechnen? Beweise, dass eine Person allein keine Information über z besitzt.

„Diesen Ansatz kann man auf naheliegende Weise verallgemeinern. Wenn man möchte, dass mindestens k Personen kooperieren müssen, um ein Geheimnis zu bestimmen, wählt man eine Polynomfunktion $f(x) = a_{k-1}x^{k-1} + \cdots + a_0$ mit zufällig gewählten Koeffizienten $a_0, \ldots, a_{k-1} \in Z_p$. Jeder Teilnehmer erhält ein Teilgeheimnis $(x_j, f(x_j)(\text{mod } p))$ mit $x_j \in Z_p^*$, und a_0 ist wieder das gesuchte Geheimnis. Solche Verfahren kommen in der Kryptographie vor. Man spricht von *Secret Sharing,* und die Teilgeheimnisse nennt man *Shares*“, erklärt Carl Friedrich. „Zum Glück hatte sich Emmy rechtzeitig daran erinnert. Für den wichtigen Spezialfall $k = n$ kommen einfachere Verfahren zum Einsatz, die denen in a) – e) ähneln.“

„Was den alten MaRT-Fall betrifft: 10^6 ist keine Primzahl“, stellt Anna fest, aber Bernd hat eine Idee: „Kann man nicht einfach eine Primzahl $p > 10^6$ verwenden? Natürlich ist $a_0 < 10^6$.“

k) (alter MaRT-Fall) Es ist $p_* = 1.000.003$ die kleinste siebenstellige Primzahl und $f(x) = a_1x + a_0$. Frau Cochem und Herr Detlefsen haben die Teilgeheimnisse (Shares) $(3, 218.069)$ bzw $(4, 141.489)$ erhalten. Wie lautet die geheime Safekombination sk?

Anna, Bernd und die Schüler

„Beim Teilen von Geheimnissen denke ich an Abenteuer- und Spionagegeschichten“, meint Anna, und Bernd ergänzt: „Wenn wir einmal Mentoren sind, betten wir dieses Thema in eine Spionagegeschichte ein oder in eine Schatzsuche.“

Was ich in diesem Kapitel gelernt habe

- Ich habe gelernt, wie man Geheimnisse auf mehrere Personen aufteilen kann.
- Ich weiß jetzt, was man unter Secret Sharing versteht.
- Ich habe wieder Beweise geführt.

7 Zum Abschluss wird es kunterbunt

Für Anna und Bernd steht das letzte Treffen ihrer Aufnahmeprüfung zur MaRT-Mentorin bzw. zum MaRT-Mentor an. „Hallo Emmy. Bernd und ich möchten dich fragen, ob wir heute vielleicht die mathematischen Techniken, die wir in den vergangenen 11 Treffen gelernt haben, an neuen Aufgaben wiederholen und vertiefen können", sagt Anna. „Eigentlich hatte ich etwas anderes geplant, aber das ist eine gute Idee. Das machen wir. In der ersten Aufgabe helfen euch binomische Formeln weiter."

a) Bestimme alle ganzzahligen Lösungen (x, y, z) von Gl. (7.1), für die $x \geq y \geq z$ gilt.

$$x^2 + y^2 + z^2 = xy + xz + yz + 3 \tag{7.1}$$

„Mersenne-Primzahlen kennt ihr ja schon. Habt ihr schon etwas von Fermat-Zahlen gehört?" Anna und Bernd schütteln den Kopf. „Zahlen der Form $F_n = 2^{2^n} + 1$ nennt man *Fermat-Zahlen,* wobei $n \in \mathbb{N}_0$ ist. Die ersten fünf Fermat-Zahlen, F_0 bis F_4, sind Primzahlen, und 1640 vermutete Pierre de Fermat[1] irrtümlich, dass alle Fermat-Zahlen Primzahlen seien. Das ist falsch, weil schon $F_5 = 2^{32} + 1 = 641 \cdot 6700417$ keine Primzahl ist, was Leonhard Euler[2] schon 1732 herausgefunden hat. Übrigens weiß man bis heute nicht, ob es größere Fermat-Zahlen als F_4 gibt, die Primzahlen sind."

b) Beweise: Ist $m \in \mathbb{N}$ keine Zweierpotenz, dann ist $2^m + 1$ keine Primzahl. (Beachte: $1 = 2^0$).

---

[1] Pierre de Fermat (1607–1665) war ein bedeutender französischer Mathematiker und Jurist.

[2] Leonhard Euler (1707–1783) war ein bedeutender schweizer Mathematiker und Physiker.

S. Schindler-Tschirner und W. Schindler, *Mathematische Geschichten VI – Kombinatorik, Polynome und Beweise,* essentials,
https://doi.org/10.1007/978-3-662-65577-1_7

c) Für die positiven reellen Zahlen r_1, r_2, r_3 gelte $r_1 r_2 r_3 = 81$. Beweise die Ungleichung

$$(1 + r_1)(1 + r_2)(1 + r_3) \geq 72 \tag{7.2}$$

„Eine schöne Anwendung der GM-AM-Ungleichung", stellt Bernd fest. „Wisst ihr, was ein Sehnenviereck ist, Anna und Bernd?" „Nein" erwidert Anna, „das war im Unterricht noch nicht dran." „Ein Sehnenviereck ist ein konvexes Viereck, dessen Ecken auf einem Kreis liegen. Sehnenvierecke haben die interessante Eigenschaft, dass die Summe gegenüberliegender Winkel 180° ist. In Aufgabe d) sollt ihr einen Spezialfall beweisen."

d) Beweise: Für das Sehnenviereck in Abb. 7.1 gilt $\angle ADB = 180° - \alpha$.

e) Bestimme eine ganzzahlige Lösung (x, y) der Gleichung

$$47x + 20y = 101 \tag{7.3}$$

Zusatzaufgabe: Beweise, dass Gl. (7.3) sogar unendlich viele ganzzahlige Lösungen besitzt.

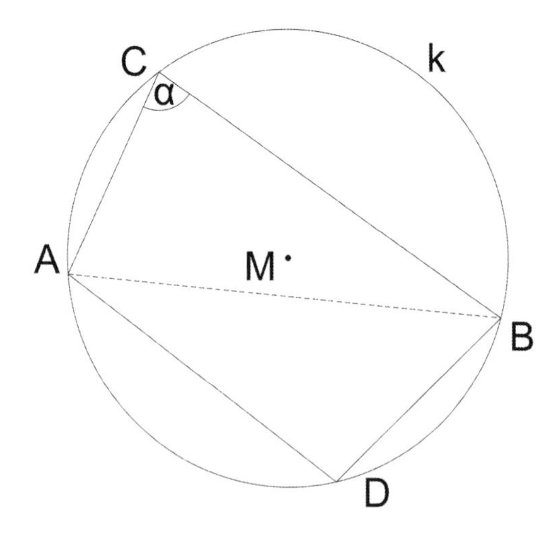

Abb. 7.1 Sehnenviereck $ADBC$ auf dem Kreis k mit Kreismittelpunkt M

„Die nächsten drei Aufgaben stammen aus der Kombinatorik, der Stochastik und dem Secret Sharing.“

f) Wie viele ganze Zahlen zwischen 0 und 999 besitzen in ihrer Dezimaldarstellung (i) mindestens eine 7, (ii) mindestens zwei 7er-Ziffern?
g) Diana und Paula spielen mit zwei fairen Würfeln. Diana gewinnt, falls die Summe beider Würfel eine gerade Zahl ist, ansonsten gewinnt Paula. Ist dieses Spiel fair?
h) Ina besitzt ein Fahrradschloss, das man mit einer geheimen vierstelligen Zahlenkombination a öffnen kann, wobei Führungsnullen möglich sind. Die Dezimaldarstellung ist $a = (a_3, a_2, a_1, a_0)_{10}$. Sie verrät ihren Freundinnen Christina und Bernadette die Zahlen $b = (b_3, b_2, b_1, b_0)_{10}$ und $c = (c_3, c_2, c_1, c_0)_{10}$. Anders als in Kap. 6 a) – e) werden hier die einzelnen Ziffern getrennt betrachtet, was zu kleineren Rechnungen führt. Es ist $a_j \equiv b_j + c_j (\bmod 10)$ für $j = 0, 1, 2, 3$.
(i) Es seien $b = 4521$ und $c = 8749$. Berechne a.
(ii) Beweise, dass weder Christina noch Bernadette allein Informationen über a besitzen, wenn Ina nicht nur a, sondern auch b zufällig (gleichverteilt) in Z_{10000} wählt.

„Der Nachmittag ist fast vorbei, und wir haben noch keine Aufgabe zur vollständigen Induktion gelöst“, flüstert Bernd Anna zu. „Und ein alter MaRT-Fall fehlt auch noch“, antwortet Anna leise. Emmy hat zugehört und lächelt: „Da habt ihr Recht. Zum Glück erinnere ich mich noch an einen alten MaRT-Fall zu diesem Thema.“

Alter MaRT-Fall Fred hat im Internet eine interessante zahlentheoretische Aussage gefunden: Ist p eine Primzahl, dann ist $n^p - n$ für alle natürlichen Zahlen n durch p teilbar. Einige Zahlenbeispiele bestätigen dies, aber natürlich wusste Fred, dass dies kein Beweis ist. Wenn er die Aussage wenigstens in einem Mathematikbuch gelesen hätte! Einer Internetquelle wollte er jedenfalls nicht blind vertrauen.

i) Löse den alten MaRT-Fall.

„Der alte MaRT-Fall war ja echt interessant, weil man vollständige Induktion *und* den binomischen Lehrsatz benötigt“, bemerkt Anna. Emmy verlässt den Raum und sagt: „Ich komme gleich mit Carl Friedrich zurück.“

Anna, Bernd und die Schüler

„Ob wir gleich MaRT-Mentoren werden? Was meinst du, Bernd?“ „Das hoffe ich sehr!“ Dann kommen schon Carl Friedrich und Emmy zurück, und Carl Friedrich sagt feierlich: „Anna und Bernd! Emmy und ich gratulieren euch herzlich! Anna, du

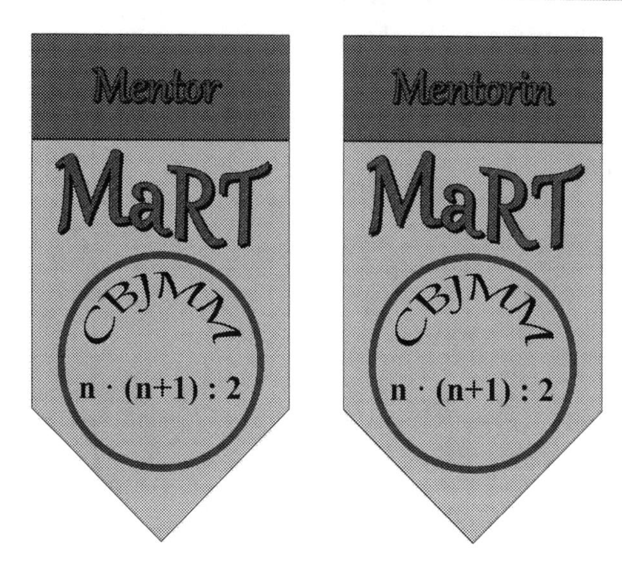

Abb. 7.2 Anna und Bernd sind jetzt MaRT-Mentorin bzw. MaRT-Mentor und dürfen die begehrten Wappen tragen

bist jetzt offiziell eine MaRT-Mentorin und Bernd, du bist jetzt offiziell ein MaRT-Mentor.“ Emmy fügt hinzu: „Ihr habt euch wieder ausgezeichnet geschlagen, wie schon bei den Aufnahmeprüfungen in den CBJMM und in die MaRT. Ihr dürft jetzt die begehrten MaRT-Mentoren-Clubwappen (Abb. 7.2) tragen.“ Anna und Bernd strahlen: „Das ist ja toll! Wir haben wieder sehr viel gelernt, und es hat auch wieder Spaß gemacht. Wir freuen uns schon darauf, selbst als Mentoren tätig zu werden.“

Was ich in diesem Kapitel gelernt habe

- Ich habe Techniken aus diesem *essential* und aus Band V wiederholt und vertieft.
- Ich habe jetzt vieles besser verstanden.

Teil II
Musterlösungen

Teil II enthält vollständige Musterlösungen zu den Aufgaben aus Teil I. Um umständliche Formulierungen zu vermeiden, wird im Folgenden normalerweise nur der „Kursleiter“ angesprochen. Tab. II.1 zeigt die wichtigsten mathematischen Techniken, die in den Aufgabenkapiteln zur Anwendung kommen.

In den Musterlösungen werden auch die mathematischen Ziele der einzelnen Kapitel erläutert, und am Ende werden Ausblicke über den Tellerrand hinaus gegeben, wo die erlernten mathematischen Techniken und Methoden in und außerhalb der Mathematik noch Einsatz finden. Zuweilen wird auf historische Bezüge hingewiesen. Dies mag die Schüler zusätzlich motivieren, sich mit der Thematik des jeweiligen Kapitels weitergehend zu beschäftigen. Außerdem kann es ihr Selbstvertrauen fördern, wenn sie erfahren, dass die erlernten Techniken auch im Studium Anwendung finden.

Jedes Aufgabenkapitel endet mit einer Zusammenstellung „Was ich in diesem Kapitel gelernt habe“. Dies ist ein Pendant zu Tab. II.1, allerdings in schülergerechter Sprache. Der Kursleiter kann die Lernerfolge mit den Teilnehmern gemeinsam erarbeiten. Dies kann z. B. beim folgenden Kurstreffen geschehen, um das letzte Kapitel noch einmal zu rekapitulieren.

Tab. II.1 Übersicht: Mathematische Inhalte der Aufgabenkapitel

Kapitel	Mathematische Techniken
Kap. 2	Euklidischer Algorithmus für Polynome, Anwendungen
Kap. 3	Erweiterter Euklidischer Algorithmus, diophantische Gleichungen, multiplikativ inverse Elemente mod p, lineare Kongruenzen mod p, Beweise
Kap. 4	Ziehen mit/ohne Zurücklegen, geordnete/ungeordnete Stichprobe, Siebformel, Abzählen durch bijektive Abbildungen
Kap. 5	Kombinatorik, Zufallsvariable, Unabhängigkeit, bedingte Wahrscheinlichkeit, Formel von Bayes
Kap. 6	Teilen von Geheimnissen, Secret Sharing, Polynomfunktionen mod p, Beweise
Kap. 7	Potpourri aus den „Mathematischen Geschichten V" und diesem *essential*

Musterlösung zu Kap. 2 8

In Kap. 2 wird der Euklidische Algorithmus auf Polynome erweitert. Dazu sind Kenntnisse über Polynome notwendig, die zunächst erarbeitet werden.

Didaktische Anregung In (Schindler-Tschirner und Schindler 2021b, Kap. 2 u. 3), wurde der Euklidische Algorithmus bereits ausführlich für natürliche Zahlen behandelt. Es obliegt dem Kursleiter, ob er vorab diese beiden Kapitel bzw. Auszüge hiervon behandeln möchte, falls die Schüler nicht schon damit vertraut sind. Kap. 2 ist aber so aufgebaut, dass es auch eigenständig behandelt werden kann.

a) Mit den binomischen Formeln erhält man

$$\frac{x^3+1}{x^2+2x+1} = \frac{(x+1)\left(x^2-x+1\right)}{(x+1)^2} = \frac{x^2-x+1}{x+1} \tag{8.1}$$

Der Bruch kann nicht weiter gekürzt werden, da $(x^2-x+1) = (x+1)(x-2)+3$.

b) Es sind $p_1(x), p_2(x), p_4(x) \in \mathbb{R}[x]$. Ausmultiplizieren von $p_4(x)$ führt zur üblichen Darstellung eines Polynoms.

c) Es ist $\deg(2x-1) = 1$, $\deg(-0,01x^3+x^2) = 3$, $\deg(0 \cdot x^8 - x^4 + 1) = 4$ und $\deg((x-1)^3) = \deg(x^3-3x^2+3x-1) = 3$.

d) Die Polynomdivision ergibt

S. Schindler-Tschirner und W. Schindler, *Mathematische Geschichten VI – Kombinatorik, Polynome und Beweise*, essentials,
https://doi.org/10.1007/978-3-662-65577-1_8

$$
\begin{array}{l}
(\ x^5 - 5x^4 + x^3 + x^2 - 7x + 5) : (x^3 + 2x + 1) = x^2 - 5x - 1 \\
-x^5 \qquad - 2x^3 - x^2 \\
\hline
\qquad -5x^4 - x^3 + 0x^2 - 7x + 5 \\
\qquad +5x^4 \qquad + 10x^2 + 5x \\
\hline
\qquad\quad -x^3 + 10x^2 - 2x + 5 \\
\qquad\quad +x^3 \qquad\quad + 2x + 1 \\
\hline
\qquad\qquad +10x^2 \qquad + 6
\end{array}
\tag{8.2}
$$

Also: $(x^5 - 5x^4 + x^3 + x^2 - 7x + 5) : (x^3 + 2x + 1) = x^2 - 5x - 1$, Rest $10x^2 + 6$.

e) Eine Polynomdivision ergibt $\left(7x^3 - 20x^2 + 30x - 5\right) : \left(x^2 - 3x + 2\right) = 7x + 1$, Rest $19x - 7$. Also ist $v(x) = 7x + 1$ und $r(x) = 19x - 7$.

f) Wegen $n^2 - 5n + 6 = (n-2)(n-3)$ ist $f(n)$ für alle $n \in \mathbb{N} \setminus \{2, 3\}$ definiert. Es ist $\left(2n^3 - 10n^2 + 25n + 18\right) : \left(n^2 - 5n + 6\right) = 2n - 1$, Rest $8n - 24$. D.h.

$$
\begin{aligned}
f(n) = \frac{2n^3 - 11n^2 + 25n + 18}{n^2 - 5n + 6} &= \frac{(2n-1)\left(n^2 - 5n + 6\right) + 8n - 24}{n^2 - 5n + 6} = \\
2n + 1 + \frac{8(n-3)}{(n-2)(n-3)} &= 2n + 1 + \frac{8}{n-2} \qquad \text{für } n \neq 2, 3
\end{aligned}
\tag{8.3}
$$

Für alle $n \in \mathbb{N}$ ist $2n + 1$ ganzzahlig. Daher ist $f(n) \in \mathbb{Z}$ genau dann, wenn $\frac{8}{n-2} \in \mathbb{Z}$. Dies ergibt die Lösungsmenge $L = \{1, 4, 6, 10\}$. Weitere Lösungen existieren nicht: Für $n > 10$ ist $0 < \frac{8}{n-2} < 1$.

Didaktische Anregung Es folgen drei kleinere Beweise. Es mag hilfreich sein, den Euklidischen Algorithmus für natürliche Zahlen vorzuziehen, um zwischendurch Rechenaufgaben zu stellen.

g) Wegen $t(x) \mid p(x)$ existiert ein Polynom $v(x)$, für das $p(x) = v(x)t(x)$ gilt. Daraus folgt unmittelbar $p(x) = \frac{v(x)}{r}(r \cdot t(x))$, d. h. $r \cdot t(x)$ ist ebenfalls ein Teiler von $p(x)$.

h) Nach Definition des größten gemeinsamen Teilers gelten $d_1(x) \mid d_2(x)$ und $d_2(x) \mid d_1(x)$. Es gibt also Polynome $v(x)$ und $w(x)$ mit $d_1(x) = v(x)d_2(x)$ und $d_2(x) = w(x)d_1(x)$. Einsetzen ergibt $d_1(x) = v(x)w(x)d_1(x)$, d. h. $v(x)w(x) = 1$. Daher ist $v(x) = r$ und $w(x) = \frac{1}{r}$ für ein $r \in \mathbb{R}^*$, weil ansonsten $v(x)w(x) \neq 1$ wäre. Umgekehrt folgt aus g), dass jeder Teiler von $p(x)$ und $q(x)$ mit $d_1(x)$ auch $r' \cdot d_1(x)$ teilt.

i) Um Platz zu sparen, stehen in jeder Zeile zwei Gleichungen.

$$343 = 3 \cdot 105 + 28, \qquad 105 = 3 \cdot 28 + 21 \tag{8.4}$$

$$28 = 1 \cdot 21 + 7, \qquad 21 = 3 \cdot 7 \tag{8.5}$$

Also ist $\mathrm{ggT}(343, 105) = 7$. Ebenso berechnet man $\mathrm{ggT}(537, 84) = 3$:

$$537 = 6 \cdot 84 + 33, \qquad 84 = 2 \cdot 33 + 18 \tag{8.6}$$

$$33 = 1 \cdot 18 + 15, \qquad 18 = 1 \cdot 15 + 3 \tag{8.7}$$

$$15 = 5 \cdot 3 \tag{8.8}$$

Es beginnt der „Endspurt". Den Schülern dürften j) und l) die größten Schwierigkeiten bereiten, während k) den Euklidischen Algorithmus für Polynome einübt.

j) Der Beweis zerfällt in drei Schritte und verläuft ähnlich wie der Beweis für den Euklidischen Algorithmus für Zahlen aus Bd. IV, Kap. 2, Aufgaben f) – i).

(i) Lässt eine Polynomdivision $p'(x) : q'(x)$ das Polynom $r(x)$ als Rest, ist $\deg(r(x)) < \deg(q'(x))$; vgl. die Unterhaltung zwischen Emmy, Anna und Bernd in Kap. 2, nach Aufgabe f). Daher sind die Aussagen zu den Polynomgraden in Gl. (2.7) bis (2.10) richtig, und der Algorithmus terminiert nach endlich vielen Schritten.

(ii) Es sei $d(x)$ ein größter gemeinsamer Teiler von $p(x)$ und $q(x)$. Dann gilt $d(x) \mid p_1(x), p_2(x)$ und damit auch $d(x) \mid v_1(x)p_2(x)$. Also existieren Polynome $t_1(x)$ und $t_2(x)$, für die Gl. (8.9) gilt.

$$p_3(x) = p_1(x) - v_1(x)p_2(x) = d(x)t_1(x) + d(x)t_2(x) = d(x)\,(t_1(x) + t_2(x)) \tag{8.9}$$

Daraus folgt $d(x) \mid p_3(x)$. Setzt man dies induktiv über die Gleichungen (2.8), ..., (2.9) fort, erhält man schließlich $d(x) \mid p_m(x)$.

(iii) Umgekehrt folgt aus Gl. (2.10) $p_m(x) \mid p_{m-1}(x)$, und Gl. (2.9) impliziert $p_m(x) \mid p_{m-2}(x)$ (analog zu Gl. (8.9)). Setzt man dies induktiv (von unten nach oben) über alle Gleichungen fort, erhält man $p_m \mid p_1(x), p_2(x)$ und damit $p_m(x) \mid d(x)$. Wie im Beweis von h) folgt $p_m(x) = r \cdot d(x)$ für ein $r \in \mathbb{R}^*$.

k) Mit dem Euklidischen Algorithmus für Polynome erhält man

$$x^3+3x^2-2=1\cdot\left(x^3+x^2+2x+2\right)+\left(2x^2-2x-4\right) \quad (8.10)$$

$$x^3+x^2+2x+2=\left(\frac{1}{2}x+1\right)\cdot\left(2x^2-2x-4\right)+(6x+6) \quad (8.11)$$

$$2x^2-2x-4=\left(\frac{1}{3}x-\frac{2}{3}\right)\cdot(6x+6) \quad (8.12)$$

Folglich ist $6x+6$ oder auch $x+1=\frac{1}{6}(6x+6)$ ein größter gemeinsamer Teiler.

l) Zunächst bestimmen wir mit dem Euklidischen Algorithmus einen größten gemeinsamen Teiler des Zählerpolynoms $p_1(x) := 45x^6+3x^5-118x^4+94x^3-23x^2-97x+96$ und des Nennerpolynoms $p_2(x) := 6x^6-x^5+79x^4-50x^3-4x^2+51x-81$ aus Gl. (2.1). Mit dem Euklidischen Algorithmus erhält man

$$p_1(x)=v_1(x)p_2(x)+p_3(x) \quad \text{mit}$$

$$v_1(x)=\frac{15}{2},\quad p_3(x)=\frac{21}{2}x^5-\frac{1421}{2}x^4+469x^3+7x^2-\frac{959}{2}x+\frac{1407}{2}, \quad (8.13)$$

$$p_2(x)=v_2(x)p_3(x)+p_4(x) \quad \text{mit}$$

$$v_2(x)=\frac{4}{7}x+\frac{270}{7},\quad p_4(x)=27216x^4-18144x^3+18144x-27216, \quad (8.14)$$

$$p_3(x)=\left(\frac{1}{2592}x-\frac{67}{2592}\right)p_4(x) \quad (8.15)$$

Also ist $p_4(x)$ ein größter gemeinsamer Teiler von $p_1(x)$ und $p_2(x)$, und mit den Polynomdivisionen $p_1(x) : p_4(x)$ und $p_2(x) : p_4(x)$ erhält man

$$s(x)=\frac{p_1(x)}{p_2(x)}=\frac{\left(\frac{5}{3024}x^2+\frac{11}{9072}x-\frac{2}{567}\right)p_4(x)}{\left(\frac{1}{4536}x^2+\frac{1}{9072}x+\frac{1}{336}\right)p_4(x)}=\frac{15x^2+11x-32}{2x^2+x+27} \quad (8.16)$$

Aus $s(a)=7$ erhält man durch Ausmultiplizieren (erster und vierter Term in Gl. (8.16)) die quadratische Gleichung $7(2a^2+a+27)=15a^2+11a-32$, welche die Lösungen -17 und 13 besitzt. Ebenso folgt aus $s(b)=4$ die quadratische Gleichung $4(2b^2+b+27)=15b^2+11b-32$ (Lösungen -5 und 4). Da die Anzahl der Schritte natürliche Zahlen sind, muss man 13 Schritte nach Osten und danach 4 Schritte nach Norden gehen, um den Schatz zu heben. Der Vollständigkeit halber sei angemerkt, dass $p_2(-17), p_2(-5), p_2(4), p_2(13) \neq 0$ ist.

Mathematische Ziele und Ausblicke

vgl. Kap. 9.

Musterlösung zu Kap. 3

9

In Kap. 3 wird der erweiterte Euklidische Algorithmus eingeführt, und es werden unterschiedliche Anwendungen besprochen. Dies bietet den Schülern auch die Gelegenheit, den Euklidischen Algorithus weiter zu üben.

Aufgabe a) wiederholt den Euklidischen Algorithmus, während sich b) – e) mit dem erweiterten Euklidischen Algorithmus befassen. Außerdem beleuchten sie den Zusammenhang zu linearen Gleichungen in zwei Variablen mit ganzzahligen Koeffizienten (diophantische Gleichungen).

a) Mit dem Euklidischen Algorithmus erhält man (zeilenweise lesen)

$$68 = 1 \cdot 56 + 12, \qquad 56 = 4 \cdot 12 + 8 \tag{9.1}$$

$$12 = 1 \cdot 8 + 4, \qquad 8 = 2 \cdot 4 \quad \text{und} \tag{9.2}$$

$$490 = 1 \cdot 343 + 147, \qquad 343 = 2 \cdot 147 + 49 \tag{9.3}$$

$$147 = 3 \cdot 49 \tag{9.4}$$

Mit anderen Worten: $\text{ggT}(68{,}56) = 4$ und $\text{ggT}(490{,}343) = 49$.

b) Der erweiterte Euklidische Algorithmus ergibt

$$84 = 2 \cdot 35 + 14, \qquad 14 = 84 - 2 \cdot 35 \tag{9.5}$$

$$35 = 2 \cdot 14 + 7 \qquad 7 = 35 - 2 \cdot 14 \tag{9.6}$$

$$14 = 2 \cdot 7 \qquad 7 = 35 - 2(84 - 2 \cdot 35) = -2 \cdot 84 + 5 \cdot 35 \tag{9.7}$$

Aus Gl. (9.7) folgen $\text{ggT}(84{,}35) = 7$ sowie $x = -2$ und $y = 5$.

c) In diesem Beispiel terminiert der erweiterte Euklidische Algorithmus sehr schnell.

S. Schindler-Tschirner und W. Schindler, *Mathematische Geschichten VI – Kombinatorik, Polynome und Beweise,* essentials,
https://doi.org/10.1007/978-3-662-65577-1_9

$$91 = 10 \cdot 9 + 1, \qquad 1 = 1 \cdot 91 - 10 \cdot 9 \quad (9.8)$$

$$9 = 9 \cdot 1 \qquad \text{also} \quad (9.9)$$

$$z = z \cdot 1 = z(1 \cdot 91 - 10 \cdot 9) = z \cdot 91 - 10z \cdot 9 \quad (9.10)$$

Einsetzen von $z = -79$ in (9.10) ergibt die Lösung $x = -79$, $y = 790$.

d) Der Euklidische Algorithmus liefert zunächst

$$234 = 2 \cdot 102 + 30, \qquad 102 = 3 \cdot 30 + 12 \quad (9.11)$$

$$30 = 2 \cdot 12 + 6, \qquad 12 = 2 \cdot 6 \quad (9.12)$$

Also ist $\mathrm{ggT}(234, 102) = 6$. Folglich kann man mit dem erweiterten Euklidischen Algorithmus $x, y \in Z$ bestimmen, für die $234x + 102y = 6$ gilt.

Es sei nun z ein ganzzahliges Vielfaches von 6. Dann ist $z' = \frac{z}{6} \in \mathrm{Z}$ und $z = 6z' = (x \cdot 234 + y \cdot 102)z'$ eine Lösung ($a = xz'$, $b = yz'$).

Andererseits ist $234 = 6 \cdot 39$ und $102 = 6 \cdot 17$. Somit gilt

$$234a + 102b = 6 \cdot (39a + 17b) \quad \text{ist Vielfaches von 6 für alle } a, b \in \mathrm{Z} \quad (9.13)$$

Daher kann keine Lösung existieren, wenn z kein Vielfaches von 6 ist.

Anmerkung: Für diese Aufgabe muss man x und y (bzw. a und b) nicht explizit bestimmen. Es genügt die Erkenntnis, dass solche Zahlen existieren.

e) Es ist

$$11 = 1 \cdot 7 + 4, \qquad 4 = 1 \cdot 11 - 1 \cdot 7 \quad (9.14)$$

$$7 = 1 \cdot 4 + 3, \qquad 3 = 1 \cdot 7 - 1 \cdot 4 \quad (9.15)$$

$$4 = 1 \cdot 3 + 1, \qquad 1 = 1 \cdot 4 - 1 \cdot 3 \quad (9.16)$$

$$3 = 3 \cdot 1, \qquad 1 = 1 \cdot 4 - 1(1 \cdot 7 - 1 \cdot 4) = (-1) \cdot 7 + 2 \cdot 4 \quad (9.17)$$

$$1 = (-1) \cdot 7 + 2 \cdot (1 \cdot 11 - 1 \cdot 7) = 2 \cdot 11 - 3 \cdot 7 \quad (9.18)$$

Es ist $2k \cdot 11 - 3k \cdot 7 = k$ für alle $k \in \mathbb{N}$ (sogar für $k \in \mathrm{Z}$). Man kann also einen Betrag von k Feenkreuzern bezahlen, indem man $2k$ viele 11-Feenkreuzer-Münzen gibt und als Wechselgeld $3k$ viele 7-Feenkreuzer-Münzen zurückerhält.

f) Wir greifen Bernds Idee auf, 7er-Münzen mit 11er-Münzen zu „verrechnen". Es bezeichne $11t$ das kleinste Vielfache von 11, das $\geq 3k$ ist ($t \in \mathbb{N}_0$). Dann ist $b = 11t - 3k \in \{0, 1, \ldots, 10\}$, und b viele 7er-Münzen sind weniger als 77 Feenkreuzer. Es ist $2k \cdot 11 - 3k \cdot 7 = k \geq 77$ und damit $2k \cdot 11 - 11t \cdot 7 = 2k \cdot 11 - (3k + b) \cdot 7 = k - b \cdot 7 > 0$. Also ist $2k > 7t$. Ersetzt man $(7t)$11er-Münzen durch $(11t)$7er-Münzen und verrechnet diese Münzen mit dem Wechselgeld $(3k \cdot 7)$, erhält man eine Zahlung von k Feenkreuzern ohne Wechselgeld: $k = (2k - 7t) \cdot 11 + (11t - 3k) \cdot 7 = (2k - 7t) \cdot 11 + b \cdot 7 = k$.

g) 59 Feenkreuzer sind der größte ganzzahlige Betrag, der nicht ohne Wechselgeld bezahlt werden kann. Man erhält dieses Ergebnis am Einfachsten, indem man in einer Liste systematisch die Beträge zwischen 1 und 76 streicht, die man ohne Wechselgeld bezahlen kann. So können z. B. die Beträge $1 \cdot 7, 2 \cdot 7, \ldots, 10 \cdot 7, 1 \cdot 11, 1 \cdot 11 + 1 \cdot 7, \ldots, 1 \cdot 11 + 9 \cdot 7, 2 \cdot 11, \ldots$ ohne Wechselgeld bezahlt werden.

Didaktische Anregung Die zweite Hälfte von Kap. 3 widmet sich einem wichtigen Anwendungsgebiet des erweiterten Euklidischen Algorithmus, der modularen Arithmetik. Am Ende erarbeiten die Schüler Eigenschaften von linearen Kongruenzen mod p und wie man diese löst. Dies wird in Kap. 6 benötigt. Die Schüler sollten die Analogien zum Lösen von linearen Gleichungen über den reellen Zahlen verstehen, auf die Anna und Bernd in Kap. 3 hinweisen. Dann wird das Lösen von linearen Kongruenzen „selbstverständlich". (Von einem „höheren Standpunkt" ist das natürlich nicht überraschend, da Z_p bezüglich der Addition und Multiplikation mod p ein endlicher Körper ist, aber das sollte hier nicht thematisiert werden.)

h) Wegen $\mathrm{ggT}(a, p) = 1$ existieren $x, y \in Z$, für die $ax + py = 1$, d. h.

$$1 = ax + py \equiv ax + 0 \cdot y \equiv ax \bmod p \tag{9.19}$$

gelten. Es ist also $ax \equiv 1 \bmod p$ und daher $x \not\equiv 0$. Also existiert ein $s \in Z_p^*$ mit $x \equiv s \bmod p$, und damit folgt $ax \equiv as \equiv 1 \bmod p$.

i) Es seien $s, t \in Z_p^*$, für die $as \equiv at \equiv 1 \bmod p$ gilt. Daraus folgt

$$0 \equiv as - at \equiv a(s - t) \bmod p, \quad \text{d. h. } a(s - t) = kp \quad \text{für ein } k \in Z \tag{9.20}$$

Wegen $\mathrm{ggT}(a, p) = 1$ muss $(s - t)$ ein Vielfaches von p sein. Aus $s, t \in Z_p^*$ folgt $s - t = 0$, also $s = t$.

Es folgen noch zwei „Rechenaufgaben" (j) und l)) sowie die Aufgabe k), in der die Lösungsmengen von linearen Kongruenzen untersucht werden.

j) Der erweiterte Euklidische Algorithmus ergibt $25^{-1} \equiv 19 \bmod 79$. Es ist nämlich

$$79 = 3 \cdot 25 + 4, \qquad 4 = 1 \cdot 79 - 3 \cdot 25 \tag{9.21}$$

$$25 = 6 \cdot 4 + 1, \qquad 1 = 1 \cdot 25 - 6 \cdot 4 \tag{9.22}$$

$$4 = 4 \cdot 1, \qquad 1 = 1 \cdot 25 - 6(1 \cdot 79 - 3 \cdot 25) = 19 \cdot 25 - 6 \cdot 79 \tag{9.23}$$

k) Es ist

$$ax + b \equiv u \bmod p \qquad | -b \bmod p \tag{9.24}$$

$$ax \equiv u - b \bmod p \qquad | \cdot a^{-1} \bmod p \tag{9.25}$$

$$x \equiv a^{-1}(u - b) \bmod p \tag{9.26}$$

Da die Umformungen in Gl. (9.24) und (9.25) durch „$+b \bmod p$" bzw. „$\cdot a \bmod p$" umgekehrt werden können, handelt es sich um Äquivalenzumformungen. Daher sind Gl. (9.24), (9.25) und (9.26) gleichwertig. Aus Gl. (9.26) folgt, dass jede lineare Kongruenz $ax + b \equiv u \bmod p$ (mit $a \not\equiv 0 \bmod p$) genau eine Lösung in Z_p besitzt, und zwar $a^{-1}(u - b)(\bmod p)$.

l) Aus j) wissen wir bereits, dass $25^{-1} \equiv 19 \bmod 79$ ist. Analog zu k) erhält man

$$25x - 54 \equiv 7 \bmod 79 \qquad | +54 \bmod 79 \tag{9.27}$$

$$25x \equiv 61 \bmod 79 \qquad | \cdot 25^{-1} \bmod 79 \tag{9.28}$$

$$x \equiv 25^{-1} \cdot 61 \equiv 19 \cdot 61 \equiv 1159 \equiv 53 \bmod 79 \tag{9.29}$$

Mathematische Ziele und Ausblicke

Eine (geometrisch ausgerichtete) Vorversion des Euklidischen Algorithmus wurde bereits um 300 v. Chr. in Kap. VII (Prop. 2) von Euklids „Elementen" beschrieben. Der Euklidische Algorithmus gehört zu den fundamentalsten Algorithmen in der Zahlentheorie, und er funktioniert in sehr allgemeinen algebraischen Strukturen. Natürliche Zahlen und Polynome (z. B. mit reellen Koeffizienten) stellen wichtige Spezialfälle dar. Ein modernes Anwendungsgebiet für den Euklidischen Algorithmus und den erweiterten Euklidischen Algorithmus ist die Kryptographie. Der Euklidische Algorithmus ist fester Bestandteil von einführenden Mathematikvorlesungen in die Zahlentheorie und grundlegenden Informatikvorlesungen.

Musterlösung zu Kap. 4

10

Zunächst werden Definitionen und Sachverhalte aus den „Mathematischen Geschichten III“ wiederholt und mit den einfachen Aufgaben a) – c) geübt. Die Hauptinhalte von Kap. 4 sind die Siebformel und das Abzählen von endlichen Mengen durch bijektive Abbildungen.

Didaktische Anregung Vielleicht haben einige Schüler in den Mathematischen Geschichten III bereits Erfahrung mit Kombinatorik gesammelt, auf denen in Kap. 4 aufgebaut wird (Fakultät, Binomialkoeffizient, Ziehen mit und ohne Zurücklegen, geordnete und ungeordnete Stichproben). Falls das Wissen noch präsent ist, kann der Kursleiter versuchen, diese Schüler in dieser Lerneinheit als „Mentoren“ einzusetzen.

a) „Bogen“ besteht aus 5 verschiedenen Buchstaben. Daher gibt es $5! = 120$ Permutationen. Das Wort „ABAKADABRA“ besteht aus 10 Buchstaben. Wären alle Buchstaben verschieden, gäbe es 10! Permutationen. Allerdings tritt „A“ 5 Mal und „B“ zwei Mal auf. Vertauscht man in einer Permutation die „A“’s und die „B“’s untereinander, bleibt die Permutation gleich. Also besitzt „ABAKADABRA“ $\frac{10!}{5!2!} = \frac{3.629.165}{120 \cdot 2} = 15.120$ Permutationen.
b) Das Kartenblatt von Herrn Meier kann man als ungeordnete Stichprobe auffassen, wenn man aus einer Urne mit $n = 32$ unterscheidbaren Kugeln (entsprechen den Spielkarten) $k = 10$ ohne Zurücklegen zieht. Daher kann Herr Meier

$$\binom{32}{10} = \frac{32!}{22! \cdot 10!} = \frac{32 \cdot 31 \cdots 24 \cdot 23}{10 \cdot 9 \cdots 2 \cdot 1} = 64.512.240 \qquad (10.1)$$

unterschiedliche Kartenblätter erhalten. (Berechnet man Gl. (10.1) ohne Taschenrechner, empfiehlt es sich, zunächst den vorletzten Term vollständig zu kürzen.)

S. Schindler-Tschirner und W. Schindler, *Mathematische Geschichten VI – Kombinatorik, Polynome und Beweise,* essentials,
https://doi.org/10.1007/978-3-662-65577-1_10

c) Urnenmodell: In der Urne befinden sich drei Kugeln, die mit den Zahlen 0, 1 und 2 beschriftet sind. Die 11 Spieltipps kann man als geordnete Stichprobe auffassen (elfmaliges Ziehen mit Zurücklegen). Daher gab es $3^{11} = 177.147$ Möglichkeiten, einen Tippschein auszufüllen.

Die Aufgaben d) – f) motivieren die Siebformel (vgl. Gl. (4.2) und (4.3)) und bereiten spätere Aufgaben vor.

d) (i) Gesucht werden die Vielfachen von 33 in $M = \{3, 4, \ldots, 333\}$. Das kleinste Vielfache ist offensichtlich $33 = 1 \cdot 33$. Wegen $333 : 33 = 10$, Rest 3, ist $330 = 10 \cdot 33$ das größte Vielfache in M. Daraus folgt $|A| = 10$.
(ii) Es ist $B = \{0, 1, \ldots, 127\}$. Also ist $|B| = 2^7 = 128$.

e) Es bezeichnen $M = \{1, \ldots, 10^6\}$ und $A_4 = \{m \in M \mid m \text{ ist Vielfaches von } 4\}$ und $A_9 = \{m \in M \mid m \text{ ist Vielfaches von } 9\}$. Eine Zahl $m \in M$ ist genau dann durch 4 und 9 teilbar, wenn sie durch $\text{kgV}(4, 9) = 36$ teilbar ist. Anders ausgedrückt: $A_4 \cap A_9 = A_{36}$, wobei A_{36} analog zu A_4 und A_9 definiert ist. Gesucht ist also $|A_{36}|$. Es ist $10^6 : 36 = 27.777$, Rest 28, und deshalb ist $|A_{36}| = 27.777$.

f) Die Lösung wird zurückgestellt, bis die Siebformel eingeführt wird (Aufgabe g)).

Die Aufgaben g) – j) befassen sich mit der Siebformel.

g) In Kap. 4 (nach Aufgabe f)) haben Anna und Bernd bereits festgestellt, dass $|M_4 \cup M_9|$ gesucht ist. Aus e) wissen wir schon, dass $|M_4 \cap M_9| = |A_{36}| = 27.777$, und $|A|$ und $|B|$ berechnet man auf dieselbe Weise. Mit der Siebformel erhält man

$$|M_4 \cup M_9| = |M_4| + |M_9| - |M_4 \cap M_9| = \\ 250.000 + 111.111 - 27.777 = 333.334 \quad (10.2)$$

h) Durch Umstellen der Siebformel (4.2) erhält man

$$|S| + |T| = |S \cup T| + |S \cap T| = 13 + 4 = 17 \quad (10.3)$$

Es ist $4 = |S \cap T| \leq |S|$ und ebenso $4 = |S \cap T| \leq |T|$. Aus Gl. (10.3) folgt $|S| + |T| = 17$. Insgesamt liefert dies die Ungleichung $4 \leq |S| \leq 13$.

i) Es ist zu zeigen, dass jedes $x \in A \cup B \cup C$ auf der rechten Seite der Siebformel (4.3) genau einmal gezählt wird. Dazu unterscheiden wir sieben Fälle. Um das Nachvollziehen des Beweises einfacher zu gestalten, sind in Abb. 10.1 die zugehörigen Bereiche mit [1], ..., [7] nummeriert. Diese Nummern werden im Folgenden in Klammern angegeben. Ist $x \in A \setminus (B \cup C)$ ([1]) wird nur in $|A|$ gezählt. Ist $x \in B \setminus (A \cup C)$ ([2]) bzw. $x \in C \setminus (A \cup B)$ ([3]) gilt analog, das x nur in $|B|$ bzw. nur in $|C|$ gezählt wird. Sei nun $x \in (A \cap B) \setminus C$ ([4]). Dann wird x in $|A|$, $|B|$ und $|A \cap B|$ je einmal gezählt, und wegen des negativen Vorzeichens von $|A \cap B|$ insgesamt genau einmal. Analoge Schlussfolgerungen gelten für $x \in (A \cap C) \setminus B$ ([5]) und $x \in (B \cap C) \setminus A$ ([6]). Jedes $x \in A \cap B \cap C$ ([7]) wird von allen Termen auf der rechten Seite der Siebformel Gl. (4.3) gezählt, unter der Berücksichtigung der Vorzeichen insgesamt ein Mal. Damit ist Gl. (4.3) bewiesen.

j) Analog zu e) definieren wir die Mengen $M_1 = \{100, \ldots, 100.000\}$ und $A_u = \{m \in M_1 \mid m \text{ ist Vielfaches von } u\}$. Um $|A_u|$ zu bestimmen, dividiert man zunächst 100 und 100.000 mit Rest durch u und erhält $100 = c_1 \cdot u + r_1$ und $100.000 = c_2 \cdot u + r_2$; vgl. d). Da 3, 7, 13 keine Teiler von 100 sind, ist für alle u, die in Gl. (10.4) auftreten, $r_1 > 0$ und damit $A_u = \{(c_1 + 1) \cdot u, \ldots, c_2 \cdot u\}$. Also ist $|A_u| = c_2 - c_1$. Ferner ist $A_s \cap A_t = A_{\mathrm{kgV}(s,t)}$. Mit der Siebformel (4.3) erhält man

$$\begin{aligned} &|A_3 \cup A_7 \cup A_{13}| = \\ &\quad |A_3| + |A_7| + |A_{13}| - |A_{\mathrm{kgV}(3,7)}| - |A_{\mathrm{kgV}(3,13)}| - |A_{\mathrm{kgV}(7,13)}| + |A_{\mathrm{kgV}(3,7,13)}| = \\ &\quad |A_3| + |A_7| + |A_{13}| - |A_{21}| - |A_{39}| - |A_{91}| + |A_{273}| = \\ &\quad 33.300 + 14.271 + 7685 - 4757 - 2562 - 1097 + 366 = 47.206 \end{aligned} \tag{10.4}$$

Also ist Antwort (C) richtig.

Die Siebformel (Aufgaben g) – j)) und das Abzählen von endlichen Mengen durch bijektive Abbildungen (Aufgabe k)) sind nützliche, universelle Techniken in der Kombinatorik. Insbesondere die Siebformel sollten alle Schüler verstehen.

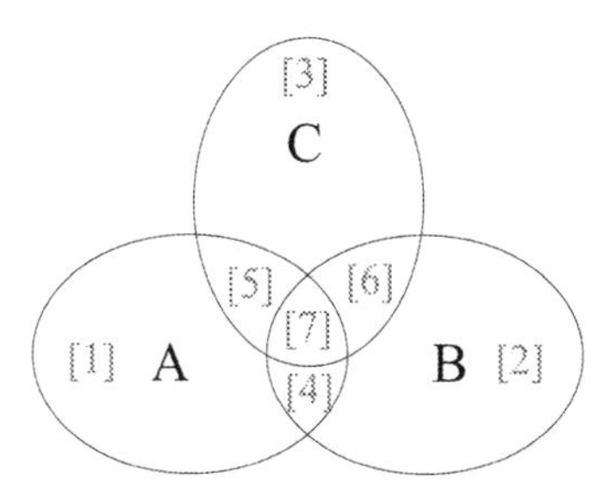

Abb. 10.1 Siebformel für drei Mengen

Didaktische Anregung Der Kursleiter kann den Beweis von k) anschaulicher und für die Schüler leichter verständlich machen, indem er den Beweis zunächst für den Spezialfall $|M| = 2$ erläutert. Abb. 10.2 illustriert die bijektive Abbildung φ. Eventuell kann anschließend noch der Spezialfall $|M| = 3$ besprochen werden, bevor der Beweis für den allgemeinen Fall $n \geq 1$ angegangen wird.

k) Es sei $|M| = n \geq 1$. Da es nur auf $|M|$ ankommt, aber nicht auf die Menge M selbst, dürfen wir im Folgenden $M = \{0, 1, \ldots, n-1\}$ annehmen. Wir definieren $B_n = \{(b_{n-1}, \ldots, b_0) \mid b_j \in \{0, 1\}\}$. Die Abbildung $\varphi\colon \mathscr{P}(M) \to B_n$ ist durch $\varphi(T) = (t_{n-1}, \ldots, t_0)$ gegeben, wobei $t_j = 1$ ist, falls $j \in T$ und $t_j = 0$ sonst. (Beispiel: $n = 7$ und $T = \{0, 4, 5\}$: Dann ist $\varphi(T) = (0, 1, 1, 0, 0, 0, 1)$. Abb. 10.2 illustriert den Beweis für den Spezialfall $|M| = 2$.)
Es ist $\varphi(T) \in B_n$ für alle $T \subseteq M$, und für $T' \neq T$ gilt $\varphi(T) \neq \varphi(T')$. Daher besitzt jedes $m \in B_n$ höchstens ein Urbild in $\mathscr{P}(M)$.
Es sei $s = (s_{n-1}, \ldots, s_0) \in B_n$. Dazu konstruieren wir die Teilmenge $T_s = \{j \in M \mid s_j = 1, j = 0, \ldots, n-1\}$. Dann ist $\varphi(T_s) = s$, und die Abbildung φ ist bijektiv. Daher ist $|\mathscr{P}(M)| = |B_n|$. Die Menge B_n entspricht den Binärdarstellungen der Zahlen $0, 1, \ldots, 2^n - 1$. Also ist $|B_n| = 2^n$.

Mathematische Ziele und Ausblicke

Die Kombinatorik ist ein Teilgebiet der diskreten Mathematik, das verschiedene Anwendungsgebiete besitzt, darunter Stochastik. In Kap. 5 werden die Schüler elementare Konzepte in der Stochastik kennenlernen. Dabei können sie ihre Kombinatorikkenntnisse anwenden. Im Schulunterricht wird die Kombinatorik meist erst in der Oberstufe behandelt, während sie bei Mathematikwettbewerben schon in der Unterstufe auf dem Programm steht.

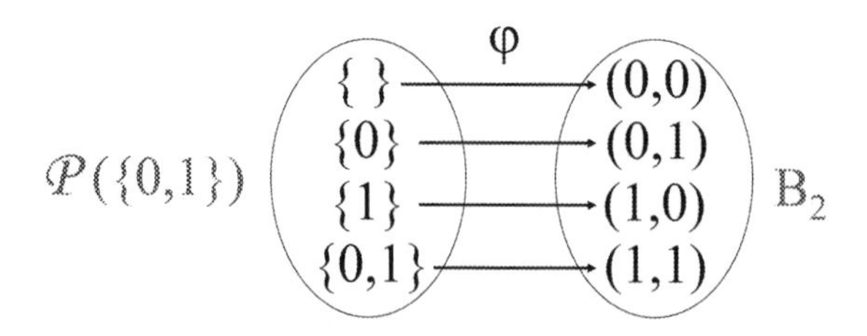

Abb. 10.2 Aufgabe k): Abbildung φ für den Spezialfall $|M| = 2$

11 Musterlösung zu Kap. 5

Kap. 5 führt in die elementare Stochastik ein. Dabei können die Schüler ihre Kombinatorikkenntnisse anwenden, die sie in Kap. 4 und den „Mathematischen Geschichten III" erworben haben. In Kap. 5 sind die Ergebnisräume stets endlich. Dies trägt der Tatsache Rechnung, dass Reihen und Integrale Oberstufenstoff sind.

Didaktische Anregung Auch wenn vieles intuitiv einleuchtend erscheinen mag, besteht eine Schwierigkeit dieses Kapitels darin, dass die Schüler eine Vielzahl neuer Definitionen aufnehmen und neue Konzepte durchdringen müssen. Der Kursleiter sollte den Schülern hierfür genügend Zeit lassen. Auch sollte er die Modellierung von Zufallsexperimenten durch Zufallsvariablen ausführlich thematisieren.

a) Es ist (i) $\Omega = \{'W','Z'\}$ ($'W'$ = Wappen, $'Z'$ = Zahl) und (ii) $\Omega = \{1, 2, 3, 4, 5, 6\}$.
b) Wir definieren das Ereignis $E = \{2, 4, 6\}$. Es ist $\mathrm{P}(E)$ die Summe der Wahrscheinlichkeiten für die Ergebnisse 2, 4 und 6.

$$\mathrm{P}(E) = \mathrm{P}(\{2\}) + \mathrm{P}(\{4\}) + \mathrm{P}(\{6\}) = \frac{1}{6} + \frac{1}{6} + \frac{1}{6} = 0{,}5 \tag{11.1}$$

Das Gegenereignis von E ist $E^c = \Omega \setminus E = \{1, 3, 5\}$.
c) Es bezeichnen Ω_1 und Ω_2 die Ergebnisräume der beiden Zufallsexperimente.

$$\Omega_1 = \{(i, c) \mid 1 \le i \le 6, c \in \{'W','Z'\}\} \tag{11.2}$$
$$\Omega_2 = \{(i, j, k) \mid 1 \le i, j, k \le 6\} = \{(i, j, k) \mid i, j, k \in \{1, \ldots, 6\}\} \tag{11.3}$$

Gl. (11.3) zeigt zwei unterschiedliche Schreibweisen für Ω_2. Es ist $|\Omega_1| = 6 \cdot 2 = 12$ und $|\Omega_2| = 6 \cdot 6 \cdot 6 = 216$. Man erhält $|\Omega_1|$ und $|\Omega_2|$ aus dem Produkt der Größen der Ergebnisräume der Einzelexperimente (Würfelwurf, Münzwurf).

S. Schindler-Tschirner und W. Schindler, *Mathematische Geschichten VI – Kombinatorik, Polynome und Beweise*, essentials,
https://doi.org/10.1007/978-3-662-65577-1_11

Anmerkung: In den Aufgaben a) – c) wurden die Ergebnisräume minimal gewählt.

d) In einem Laplace-Experiment gilt $\mathrm{P}(\{\omega_j\}) = \frac{1}{|\Omega|}$. Einsetzen und Addieren ergibt

$$\mathrm{P}(E) = |E| \cdot \frac{1}{|\Omega|} = \frac{|E|}{|\Omega|} \tag{11.4}$$

e) Hier entspricht Ω der Menge aller ungeordneten 3er-Kombinationen aus 15 Elementen und G dem Ereignis, dass die gezogene 3er-Kombination Charlys Tipp entspricht. Es ist $|\Omega| = \binom{15}{3}$ und $|G| = 1$. Wir gehen davon aus, dass die Ziehung der Kugeln ein Laplace-Experiment ist. Einsetzen in Formel (5.1) ergibt

$$\mathrm{P}(G) = \frac{|G|}{|\Omega|} = \frac{1}{\binom{15}{3}} = \frac{1}{\frac{15 \cdot 14 \cdot 13}{3 \cdot 2 \cdot 1}} = \frac{1}{455} \tag{11.5}$$

f) Es sind $\Omega = \{1, 2, 3, 4, 5, 6, 7\}$, die Zufallsvariable $X \colon \Omega \to \mathbb{R}$ ist durch $X(j) = j$ definiert. Daher ist $\Omega = \Omega'$ und $\mathrm{P}(X = j) = \frac{1}{7}$ für alle $j \in \{1, \ldots, 7\}$. Es ist $E = \{1, 4\}$ die Menge aller Quadratzahlen zwischen 1 und 7. Daher ist $\mathrm{P}(X \in E) = \frac{|E|}{|\Omega|} = \frac{2}{7}$.

g) Es beschreibt $\Omega = \{(i, j) \mid 1 \leq i, j \leq 6\}$ den Ergebnisraum eines zweifachen Würfelwurfs. Das Ergebnis $\omega = (i, j)$ bedeutet, dass der erste Wurf die Augenzahl i und der zweite Wurf die Augenzahl j annimmt. Jedes Ergebnis $\omega \in \Omega$ wird mit der Wahrscheinlichkeit $\frac{1}{36}$ angenommen (fairer Würfel!). Die Zufallsvariable $X \colon \Omega \to \Omega' = \{2, \ldots, 12\}$, $X(i, j) = i + j$ beschreibt die Summe der beiden Würfe. Es ist $X = 8$ genau dann, wenn $(i, j) \in A = \{(2, 6), (3, 5), (4, 4), (5, 3), (6, 2)\}$. Daraus folgt

$$\mathrm{P}(X = 8) = \mathrm{P}(A) = \frac{|A|}{|\Omega|} = \frac{5}{36} \tag{11.6}$$

Aufgabe g) illustriert eine typische Lösungsstrategie für Aufgabenstellungen mit Zufallsvariablen, die man auf ein Laplace-Experiment zurückführen kann. Aufgrund der Gleichverteilung ergibt sich dann ein rein kombinatorisches Problem.

h) Es bezeichnet A das Ereignis, dass bei 3 Würfen mindestens eine 6 auftritt, und die unabhängigen Zufallsvariablen X_1, X_2, X_3 beschreiben den ersten, zweiten und dritten Wurf. Das Gegenereignis A^c entspricht „keine 6 in drei Würfen". Das dritte Gleichheitszeichen in Gl. (11.7) folgt aus der Unabhängigkeit von X_1, X_2, X_3. (Durch das Gegenereignis wird die Rechnung einfacher.)

$$P(A) = 1 - P(A^c) = 1 - P(X_1 \neq 6, X_2 \neq 6, X_3 \neq 6) =$$
$$1 - P(X_1 \neq 6) \cdot P(X_2 \neq 6) \cdot P(X_3 \neq 6) = 1 - \left(\frac{5}{6}\right)^3 \approx 0.421 \quad (11.7)$$

i) Es sei $Y = X_1 + \cdots X_7$. Gesucht ist die Wahrscheinlichkeit $P(Y = 3)$. Aus der Unabhängigkeit der Zufallsvariablen $X_1, \ldots, X_7$ folgt zunächst

$$P(X_1 = X_2 = X_3 = 1, X_4 = X_5 = X_6 = X_7 = 0) = p^3(1-p)^4 \quad (11.8)$$

Die Wahrscheinlichkeit, dass irgendwelche anderen drei Zufallsvariablen das Ergebnis 1 und die übrigen vier Zufallsvariablen 0 annehmen, beträgt ebenfalls $p^3(1-p)^4$, da alle Zufallsvariablen identisch verteilt sind. Es gibt $\binom{7}{3}$ viele 3-elementige Teilmengen von $\{1, \ldots, 7\}$. Insgesamt folgt daraus

$$P(Y = 3) = \binom{7}{3} p^3(1-p)^4 = 35p^3(1-p)^4 \quad (11.9)$$

Die restlichen Aufgaben befassen sich mit bedingten Wahrscheinlichkeiten.

j) Es sei $Z = X_1 + X_2 + X_3 + X_5 + X_6 + X_7$. Es ist Z also $B(6, p)$-verteilt, und Y ist $B(7, p)$-verteilt. Die Zufallsvariablen X_4 und Z sind unabhängig (→ 3. Gleichheitszeichen in Gl. (11.10)). Aus $Y = Z + X_4$ und Gl. (5.2) folgt

$$P(X_4 = 1 \mid Y = 3) = \frac{P(X_4 = 1, Y = 3)}{P(Y = 3)} = \frac{P(X_4 = 1, Z = 2)}{P(Y = 3)} =$$
$$\frac{P(X_4 = 1) \cdot P(Z = 2)}{P(Y = 3)} = \frac{p \cdot \binom{6}{2} p^2 (1-p)^4}{\binom{7}{3} p^3 (1-p)^4} = \frac{\binom{6}{2}}{\binom{7}{3}} = \frac{3}{7} \quad (11.10)$$

k) Gl. (11.11) folgt aus der Definition der bedingten Wahrscheinlichkeit (für die Ereignisse '$X = x$' und '$Y = y$') und der Unabhängigkeit von X und Y

$$P(X = x \mid Y = y) = \frac{P(X = x, Y = y)}{P(Y = y)} = \frac{P(X = x) \cdot P(Y = y)}{P(Y = y)} = P(X = x) \quad (11.11)$$

l) Löst man die bedingten Wahrscheinlichkeiten $P(A \mid B)$ und $P(B \mid A)$ nach $P(A \cap B)$ auf, erhält man

$$P(A \cap B) = P(A \mid B) \cdot P(B) = P(B \mid A) \cdot P(A) \quad (11.12)$$

Eine Division durch $P(B)$ liefert die Bayesformel Gl. (5.3).

Didaktische Anregung Die Fehlerbehaftetheit von medizinischen Tests hat mit der Covid-19-Pandemie Eingang in die öffentliche Wahrnehmung gefunden. Um die Schüler auf den alten MaRT-Fall einzustimmen, kann der Kursleiter die Schüler bitten, bis zum nächsten Kurstreffen aus den Medien statistische Aussagen zu medizinischen (Schnell-)Tests zu sammeln.

m) Zur Lösung des alten MaRT-Falls verwenden wir die Formel von Bayes (5.3). Dazu definieren wir zunächst die Ereignisse A (getestete Person ist infiziert) und B (Test ist positiv). Nach Voraussetzung ist $\mathrm{P}(A) = 0{,}001$, $\mathrm{P}(B \mid A) = 1$ und $\mathrm{P}(B \mid A^c) = 0{,}01$. Wegen $A \cap A^c = \{\}$ sind auch $(B \cap A)$ und $(B \cap A^c)$ disjunkt. Außerdem ist $B = (B \cap A) \cup (B \cap A^c)$. Daraus folgt das erste Gleichheitszeichen, und das zweite erhält man aus der Definition von bedingten Wahrscheinlichkeiten.

$$\mathrm{P}(B) = \mathrm{P}(B \cap A) + \mathrm{P}(B \cap A^c) = \mathrm{P}(B \mid A) \cdot \mathrm{P}(A) + \mathrm{P}(B \mid A^c) \cdot \mathrm{P}(A^c) = \\ 1 \cdot 0{,}001 + 0{,}01 \cdot 0{,}999 = 0{,}001 + 0{,}00999 = 0{,}01099 \qquad (11.13)$$

Einsetzen in die Bayesformel (5.3) ergibt schließlich

$$\mathrm{P}(A \mid B) = \frac{\mathrm{P}(B \mid A) \cdot \mathrm{P}(A)}{\mathrm{P}(B)} = \frac{1 \cdot 0{,}001}{0{,}010999} = \frac{1}{10{,}999} \approx 0{,}091 \qquad (11.14)$$

Trotz eines positiven Tests liegt die Wahrscheinlichkeit, dass der Patient tatsächlich an dem Virus erkrankt ist, nur bei $\approx \frac{1}{11}$. Ein überraschendes Ergebnis!

Mathematische Ziele und Ausblicke

Die Stochastik ist ein Anwendungsgebiet der Kombinatorik. Stochastik besitzt jedoch weitaus mehr Facetten und stellt ein eigenes mathematisches Forschungsgebiet dar, das Überschneidungen mit vielen anderen mathematischen Gebieten besitzt. Außerhalb der Mathematik finden Teilgebiete der Stochastik, etwa stochastische Prozesse, Spieltheorie und Statistik, u. a. in den Natur-, Ingenieurs-, Wirtschafts- und Sozialwissenschaften reichlich Anwendung, aber auch zur Modellierung der Ausbreitung von Krankheiten bedient man sich stochastischer Methoden. Übrigens steht $\mathrm{P}(\cdot)$ für „probabilitas“ oder „probability“, also für „Wahrscheinlichkeit“.

Musterlösung zu Kap. 6

12

Kap. 6 verwendet mathematische Techniken aus Kap. 3 und 5, nämlich das systematische Lösen von linearen Kongruenzen $\bmod\ p$ und Zufallsvariablen. Neu ist der Anwendungskontext und die damit verbundenen Zielsetzungen.

Didaktische Anregung Die Erzählkontext des MaRT-Falls dürfte vor allem die jüngeren Schüler ansprechen, die sich an Abenteuer- und Spionagegeschichten erinnert fühlen. Die elementaren informationstheoretischen Überlegungen („Wer weiß vom Geheimnis wieviel?") sind neu und sollten ausführlich besprochen werden.

a) Paul und Pepe addieren ihre Geheimnisse modulo m:

$$x + y \equiv x + (z - x)(\bmod m) \equiv x + (z - x) \equiv x + z - x \equiv z \bmod m \quad (12.1)$$

Die gesuchte Zahl ist also $z = (x + y)(\bmod m)$.

b) Es ist (i) $z \equiv 8 + 9 \equiv 17 \equiv 3 \bmod 14$ und (ii) $z \equiv 58 + 99 \equiv 157 \bmod 164$, d. h. (i) $z = 3$ bzw. (ii) $z = 157$.

c) Wir interpretieren x und z als Realisierunmgen von Zufallsvariablen X und Z. Es sind X und Z unabhängig und auf Z_m gleichverteilt, d. h. $P(X = x') = \frac{1}{m}$ und $P(Z = z') = \frac{1}{m}$ für alle $x', z' \in Z_m$. Da Eva keine Information über die geheime Zahl z besitzt, sind für sie alle möglichen Werte $z' \in Z_m$ gleichwahrscheinlich, Evas Ratechance beträgt daher $\frac{1}{m}$ (ein Versuch) bzw. $\frac{t}{m}$ (t Versuche). Da X und Z unabhängig sind, gilt $P(Z = z' \mid X = x') = P(Z = z')$ für alle $(x', z') \in Z_m \times Z_m$ (vgl. Kap. 5, Aufgabe k)). Also besitzt auch Paul keine Information über z, so dass er dieselbe Ratechance besitzt wie Eva.

d) Wir interpretieren Pepes Teilgeheimnis y als Realisierung einer Zufallsvariablen Y mit dem Ergebnisraum $\Omega' = Z_m$. Nach Konstruktion ist $X + Y \equiv Z \bmod m$

S. Schindler-Tschirner und W. Schindler, *Mathematische Geschichten VI – Kombinatorik, Polynome und Beweise,* essentials,
https://doi.org/10.1007/978-3-662-65577-1_12

und damit $Y \equiv Z - X \bmod m$. Da Y Werte in $\mathbb{Z}_m$ annimmt, ist $Y = (Z - X)(\bmod m)$. Für $a \in \mathbb{Z}_m$ ist $Y = a$ genau dann, wenn $Z - X \equiv a \bmod m$ ist, also wenn $(X, Z) \in M_a = \{(j, a + j(\bmod m)) \mid j \in \mathbb{Z}_m\}$. Aus Aufgabe c) wissen wir, dass $\mathrm{P}(X = x', Z = z') = \frac{1}{m^2}$ für alle $(x', z') \in \Omega = \mathbb{Z}_m \times \mathbb{Z}_m$ ist. Daraus folgt zunächst

$$\mathrm{P}(Y = a) = \mathrm{P}((X, Z) \in M_a) = |M_a| \cdot \frac{1}{m^2} = \frac{m}{m^2} = \frac{1}{m} \quad \text{für alle } a \in Z_m \tag{12.2}$$

Somit ist auch die Zufallsvariable Y auf Z_m gleichverteilt, und ferner gilt

$$\begin{aligned}\mathrm{P}(Y = a, Z = z') &= \mathrm{P}((X, Z) \in M_a, Z = z') = \mathrm{P}(X = z' - a(\bmod m), Z = z') \\ &= \frac{1}{m^2} = \mathrm{P}(Y = a) \cdot \mathrm{P}(Z = z') \quad \text{für alle } (a, z') \in \mathbb{Z}_m \times Z_m\end{aligned} \tag{12.3}$$

Also sind nicht nur X und Z (Aufgabe c)), sondern auch Y und Z unabhängig. Daher besitzt auch Pepe allein (wie Eva und Paul) keine Information über z. Anmerkung: Die Zufallsvariablen X, Y, Z sind nicht unabhängig, da man aus zwei Zufallsvariablen die dritte berechnen kann.

e) Man rechnet leicht nach, dass Gloria Gloriosa 61 Jahre alt ist:

$$23 + 87 + 24 + 50 + 0 + 77 \equiv 261 \equiv 61 \bmod 100 \tag{12.4}$$

In den folgenden Übungsaufgaben werden lineare Gleichungssysteme über $\mathbb{R}$ und Systeme von linearen Kongruenzen mod p gelöst; vgl. hierzu Kap. 3, h) – l).

f) Durch das Einsetzen von (1, 510.767) und (4, 1.940.234) in die Polynomfunktion $f(x) = a_1x + a_0$ erhält man das lineare Gleichungssystem

$$a_1 + a_0 = 510.767 \tag{12.5}$$

$$4a_1 + a_0 = 1.940.234 \tag{12.6}$$

Daraus erhält man die Koeffizienten $a_1 = 476.489$ und $a_0 = 34.278$, und durch Einsetzen in die Polynomfunktion auch die Safekombination $sk = 275.657$:

$$sk \equiv f(11) \equiv 11 \cdot 476.489 + 34.278 \equiv 5.275.657 \equiv 275.657 \bmod 10^6 \tag{12.7}$$

g) Das Verfahren ist das gleiche wie in f), wobei Direktor Tresor allerdings drei Zahlen $a_0, a_1, a_2 \in \mathbb{Z}$ auswählen und geheimhalten muss. Daraus bildet er eine Polynomfunktion $f_2(x) = a_2x^2 + a_1x + a_0$, und er gibt den Abteilungsleitern Paare $(1, f_2(1)), (2, f_2(2)), (3, f_2(3)), (4, f_2(4)), (5, f_2(5))$. Schließlich ergibt

(z. B.) $f_2(11)(\bmod 10^6)$ die gesuchte Safekombination. Dieses Verfahren funktioniert, weil drei Punkte eine Polynomfunktion vom Grad ≤ 2 eindeutig festlegen.

h) Wie in f) erhält man aus den Paaren $(1, 805.316)$, $(3, 2.690.520)$ und $(5, 6.451.804)$ ein lineares Gleichungssystem

$$1a_2 + 1a_1 + a_0 = 805.316 \tag{12.8}$$

$$9a_2 + 3a_1 + a_0 = 2.690.520 \tag{12.9}$$

$$25a_2 + 5a_1 + a_0 = 6.451.804 \tag{12.10}$$

Also ist $a_2 = 234.510$, $a_1 = 4562$, $a_0 = 566.244$ und damit

$$sk = 9^2 \cdot 234.510 + 9 \cdot 4562 + 566.244 = 19.602.612 \equiv 602.612 \bmod 10^6 \tag{12.11}$$

Hier lautet die Safekombination $sk = 602.612$.

Didaktische Anregung In Aufgabe i) werden die Nachteile des vorgeschlagenen Verfahrens (Polynomfunktion über $\mathbb{R}$) analysiert. Dieser Aufgabe sollte genügend Zeit eingeräumt werden, damit die Schüler verstehen, weshalb später nicht in $\mathbb{R}$, sondern modulo p gerechnet wird.

i) Eva kennt kein Teilgeheimnis. Daher kann sie $sk = a_0 \in Z_{10^6}$ nur „blind" raten, so dass ihre Ratechance bei t Rateversuchen $\frac{t}{10^6}$ beträgt. Herr Artelt kennt Gl. (12.5), d. h. $a_1 = 510.767 - a_0$. Also ist $a_0 \in \{0, \ldots, 510.767\}$. Daher ist

$$(a_0, a_1) \in M_1 = \{(j, 510.767 - j) \mid 0 \leq j \leq 510.767\} \tag{12.12}$$

Für Herrn Artelt sind alle Paare in $M_1 \subseteq Z_{10^6} \times Z_{10^6}$ gleichwahrscheinlich, so dass seine Ratewahrscheinlichkeit bei (maximal) t Versuchen $\frac{t}{510.768}$ beträgt. Aus Gl. (12.6) weiß Herr Detlefsen, dass $a_1 = \frac{1.940.234 - a_0}{4}$ gilt. Da a_1 ganzzahlig ist, muss $1.940.234 - a_0$ ein Vielfaches von 4 sein, woraus $a_0 \equiv 1.940.234 \equiv 2 \bmod 4$ folgt. Es ist also $a_0 = 4j + 2$ für ein $j \in \mathbb{N}_0$. Aus $a_0 \in Z_{10^6}$ folgt $0 \leq j \leq 249.999$, und $a_1 \in Z_{10^6}$ impliziert $j \leq \frac{1.940.234-2}{4} = 485.058$. Insgesamt folgt

$$(a_0, a_1) \in M_4 = \left\{\left(4j + 2, \frac{1.940.232 - 4j}{4}\right) \mid 0 \leq j \leq 249.999\right\} \tag{12.13}$$

Für Herrn Detlefsen beträgt die Ratewahrscheinlichkeit für $sk = a_0$ (t Versuche) daher $\frac{t}{250.000}$.

j) Wenn die Personen i und j kooperieren, erhalten sie aus ihren Teilgeheimnissen analog zu f) ein System von zwei linearen Kongruenzen mod p.

$$a_1 x_i + a_0 \equiv y_i \bmod p \tag{12.14}$$

$$a_1 x_j + a_0 \equiv y_j \bmod p \tag{12.15}$$

Aus Gl. (12.14) folgt $a_0 \equiv y_i - a_1 x_i \bmod p$, und Einsetzen in Gl. (12.15) ergibt

$$a_1 x_j + a_0 \equiv a_1 x_j + y_i - a_1 x_i \equiv a_1(x_j - x_i) + y_i \equiv y_j \bmod p \tag{12.16}$$

Wegen $i \neq j$ ist $x_j - x_i \not\equiv 0 \bmod p$, und (12.16) besitzt genau eine Lösung, nämlich $a_1 \equiv (x_j - x_i)^{-1}(y_j - y_i)(\mathrm{mod}\ p)$; vgl. Kap. 3, Aufgaben j), k). Setzt man diesen Term in Gl. (12.14) ein, erhält man $a_0 \equiv y_i - (x_j - x_i)^{-1}(y_j - y_i)x_i \bmod p$. Also ist auch a_0 eindeutig bestimmt und der erste Teil der Aufgabe gezeigt. Person j weiß (Gl. (12.15)), dass $a_0 \equiv y_j - a_1 x_j \bmod p$ ist. Also:

$$(a_0, a_1) \in M_{(x_j, y_j)} = \{((y_j - s x_j)(\mathrm{mod}\ p), s) \mid s \in Z_p\} \tag{12.17}$$

Die zweiten Komponenten der Elemente in $M_{(x_j, y_j)}$ nehmen alle Werte in Z_p^* an, woraus $|M_{(x_j, y_j)}| = p$ folgt. Aus $y_j - s' x_j \equiv y_j - s'' x_j \bmod p$ folgt nach Subtraktion $(s'' - s')x_j \equiv 0 \bmod p$. Wegen $x_j \in Z_p^*$ ist $s'' - s' \equiv 0 \bmod p$, d. h. $s' = s''$. Da $M_{(x_j, y_j)}$ p Elemente enthält, nehmen die ersten Komponenten alle Werte in Z_p an. Für Person j sind alle Elemente in $M_{(x_j, y_j)}$ gleichwahrscheinlich, und deshalb besitzt sie keine Information über a_0.

k) Wie in Aufgabe j) erhält man aus den Teilgeheimnissen von Frau Cochem und Herr Detlefsen die linearen Kongruenzen

$$3a_1 + a_0 \equiv 218.069 \bmod p_* \tag{12.18}$$

$$4a_1 + a_0 \equiv 141.489 \bmod p_* \tag{12.19}$$

Subtrahiert man (12.18) von (12.19) erhält man $a_1 \equiv -76.580 \equiv 923.423 \bmod p_*$ und schließlich $a_0 = 447.809$. Also ist $sk = a_0 = 447.809$.

Mathematische Ziele und Ausblicke

Anwendungskontext und Vorgehen in Kap. 6 sind ungewöhnlich. Es werden Anforderungen formuliert, mit denen die Lösungen eines Problems (Teilen von Geheimnissen) bewertet werden. Eine zentrale Frage ist, ob eine oder mehrere Zufallsvariablen Information über eine weitere Zufallsvariable liefern.

Musterlösung zu Kap. 7

13

In Kap. 7 werden keine neuen mathematischen Techniken eingeführt. Stattdessen wird wiederholt und vertieft, was die Schüler in diesem *essential* und im Vorgängerband gelernt haben. Der Schwierigkeitsgrad der Aufgaben ist etwas niedriger als in den vorangehenden Kapiteln, um zum Abschluss Erfolgserlebnisse zu erleichtern.

Didaktische Anregung Gerade für leistungsschwächere Schülern bietet es sich an, wenn der Kursleiter Aufgaben unter Berücksichtigung der vergangenen Kurstreffen individuell auswählt. Auch kann der Kursleiter alternative Aufgaben stellen.

a) Man multipliziert Gl. (7.1) mit 2, bringt die gemischten Terme auf die linke Seite und fasst sie zu Binomen zusammen.

$$2x^2 + 2y^2 + 2z^2 - 2xy - 2xz - 2yz = 6$$
$$(x-y)^2 + (x-z)^2 + (y-z)^2 = 6 \tag{13.1}$$

Da x, y, z ganzzahlig sind, sind auch $x-y, x-z, y-z \in \mathbb{Z}$. Damit die Summe der drei Quadrate 6 ergibt, können nur die Werte 1 (zwei Mal) und 4 (ein Mal) auftreten. Aus $x \geq y \geq z$ folgt $(x, y, z) = (x, x-1, x-2)$. Das ergibt die Lösungsmenge $L = \{(x, y, z) \mid x \in \mathbb{Z}, y = x-1, z = x-2\}$.

b) Da m keine Zweierpotenz ist, ist $m \geq 3$. Daher existieren $k \in \mathbb{N}_0$ und eine ungerade Zahl $q > 1$, für die $m = 2^k \cdot q$ gilt. Aus den Potenzgesetzen und der binomischen Formel aus Band V (Kap. 6, Formel (6.3)) folgt

$$2^m + 1 = \left(2^{2^k}\right)^q + 1 = \left(2^{2^k} + 1\right)\left(2^{2^k(q-1)} - 2^{2^k(q-2)} + \ldots + 1\right) \tag{13.2}$$

Es ist $2^{2^k} \geq 2^{2^0} = 2$. Für $j \geq 1$ gilt $2^{2^k(2j)} - 2^{2^k(2j-1)} = 2^{2^k(2j-1)}(2^{2^k} - 1) > 1$. Also sind in Gl. (13.2) beide Klammern > 1, so dass $2^m + 1$ keine Primzahl ist.

S. Schindler-Tschirner und W. Schindler, *Mathematische Geschichten VI – Kombinatorik, Polynome und Beweise*, essentials,
https://doi.org/10.1007/978-3-662-65577-1_13

c) Aus der GM-AM-Ungleichung erhält man (mit $a = 1, b = r_j, j = 1, 2, 3$)

$$\frac{1}{8}(1 + r_1)(1 + r_2)(1 + r_3) = \left(\frac{1 + r_1}{2}\right)\left(\frac{1 + r_2}{2}\right)\left(\frac{1 + r_3}{2}\right) \geq$$
$$\sqrt{1 \cdot r_1} \cdot \sqrt{1 \cdot r_2} \cdot \sqrt{1 \cdot r_3} = \sqrt{r_1 r_2 r_3} = \sqrt{81} = 9 \quad (13.3)$$

Multipliziert man Gl. (13.3) mit 8, folgt die Ungleichung (7.2).

d) Die Lösungsschritte werden an Abb. 13.1 erklärt. Zunächst folgt aus dem Mittelpunktswinkelsatz (vgl. z. B. Band V, Kap. 4, Satz 7.2) $\angle BMA = 2\alpha$. Es ist $|\overline{MA}| = |\overline{MD}| = |\overline{MB}| = r$, wobei r den Radius des Kreises k bezeichnet. Daher sind die Dreiecke ADM und DBM gleichschenklig, so dass $\angle MAD = \angle ADM = \rho$ und $\angle MDB = \angle DBM = \sigma$ gilt (mit unbekannten Winkeln ρ und σ). In dem konvexen Viereck $ADBM$ beträgt die Winkelsumme 360°. Also ist

$$\rho + \rho + \sigma + \sigma + 2\alpha = 2(\rho + \sigma) + 2\alpha = 2(\angle ADB) + 2\alpha = 360° \quad (13.4)$$

Eine Division durch 2 ergibt $\angle ADB + \alpha = 180°$ und damit die Behauptung.

Die Aufgaben a) – d) und der alte MaRT-Fall i) decken den Stoff der „Mathematischen Geschichten V“ ab, während e) – h) Techniken aus diesem *essential* benötigen.

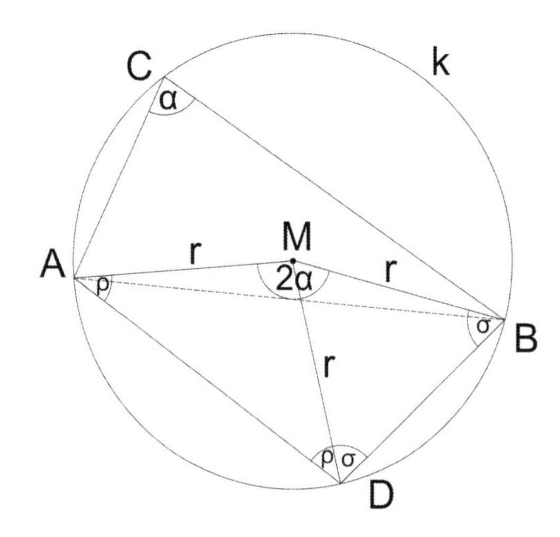

Abb. 13.1 Sehnenviereck $ADBC$ auf dem Kreis k mit Kreismittelpunkt M

e) Mit dem erweiterten Euklidischen Algorithmus erhält man zunächst ggT(47, 20) = 1 und schließlich $1 = 47 \cdot 3 - 20 \cdot 7$. Wie in Kap. 3, Aufgabe c) folgt, dass $(x, y) = (3 \cdot 101, -7 \cdot 101) = (303, -707)$ eine Lösung von Gl. (7.3) ist. Zusatzaufgabe: Offensichtlich ist $47 \cdot 20 + 20 \cdot (-47) = 0$ und damit auch $47 \cdot (20z) + 20 \cdot (-47z) = (47 \cdot 20 + 20 \cdot (-47))z = 0$ für alle $z \in Z$. Also

$$\begin{aligned} &47 \cdot (303 + 20z) + 20 \cdot (-707 - 47z) = \\ &47 \cdot (303) + 20 \cdot (-707) + 47 \cdot (20z) + 20 \cdot (-47z) = 101 + 0 = 101 \end{aligned} \quad (13.5)$$

Daher ist $(x, y) = (303 + 20z, -707 - 47z)$ für alle $z \in Z$ eine Lösung von (7.3).

f) Wir fassen die Zahlen $0, 1, \ldots, 999$ als 3-stellig auf, indem wir Führungsnullen zulassen. (i) Es gibt $9^3 = 721$ Zahlen ohne 7 (Gegenereignis). Also gibt es $1000 - 721 = 279$ Zahlen, deren Dezimaldarstellung mindestens eine 7 enthält. (ii) Die Menge A (Menge B, Menge C) besteht aus den 3-stelligen Zahlen, deren erste und zweite Ziffer (deren erste und dritte Ziffer, deren zweite und dritte Ziffer) 7 ist. Es gibt also $|A \cup B \cup C|$ Zahlen mit mindestens zwei 7er-Ziffern. Es ist $A = \{770, \ldots, 779\}$, $B = \{707, 717, \ldots, 797\}$ und $C = \{077, 177, \ldots, 977\}$ sowie $A \cap B = A \cap C = B \cap C = A \cap B \cap C = \{777\}$. Mit der Siebformel (4.3) folgt

$$\begin{aligned} |A \cup B \cup C| &= |A| + |B| + |C| - |A \cap B| - |A \cap C| - |B \cap C| + |A \cap B \cap C| \\ &= 10 + 10 + 10 - 1 - 1 - 1 + 1 = 28 \end{aligned} \quad (13.6)$$

g) Die beiden Würfelwürfe werden durch zwei unabhängige Zufallsvariablen X und Y beschrieben, die auf $\{1, \ldots, 6\}$ gleichverteilt sind. Das Paar (X, Y) ist auf dem Ergebnisraum $\Omega = \{1, \ldots, 6\} \times \{1, \ldots, 6\}$ gleichverteilt (modelliert ein Laplace-Experiment). Für das Ergebnis $\omega = (i, j) \in \Omega$ bezeichnet i den ersten und j den zweiten Wurf. Für $m = 2, \ldots, 12$ sei ferner $C_m = \{(i, j) \mid (i, j) \in \Omega, i + j = m\}$.

$$P(X + Y = m) = \frac{|C_m|}{36} \qquad \text{für } m \in \{2, \ldots, 12\} \quad (13.7)$$

Beispielsweise ist $C_4 = \{(1, 3), (2, 2), (3, 1)\}$, d. h. $|C_4| = 3$. Diana gewinnt, falls $X + Y \in G = \{2, 4, 6, 8, 10, 12\}$. Ebenso erhält man $|C_2| = 1$, $|C_6| = 5$, $|C_8| = 5$, $|C_{10}| = 3$ und $|C_{12}| = 1$. Damit folgt

$$P(X+Y \in G) = \sum_{j=1}^{6} P(X+Y=2j) = \frac{1}{36}+\frac{3}{36}+\frac{5}{36}+\frac{5}{36}+\frac{3}{36}+\frac{1}{36} = \frac{1}{2} \tag{13.8}$$

Diana und Paula gewinnen das Spiel jeweils mit Wahrscheinlichkeit $\frac{1}{2}$. Daher ist das Spiel fair.

h) (i) Aus Gl. (13.9) und (13.10) folgt $a = 2260$.

$$a_3 \equiv 4+8 \equiv 2 \mod 10\,, \qquad a_2 \equiv 5+7 \equiv 2 \mod 10\,, \tag{13.9}$$

$$a_1 \equiv 2+4 \equiv 6 \mod 10\,, \qquad a_0 \equiv 1+9 \equiv 0 \mod 10 \tag{13.10}$$

(ii) Im Gegensatz zu Kap. 6, Aufgaben a) – e) sind die vier Ziffern unabhängig, da kein Übertrag stattfindet. Daher genügt es, wenn die Behauptung für die einzelnen Ziffern gilt. Das wurde aber bereits in Kap. 6, c), d) gezeigt ($m = 10$).

i) Der alte MaRT-Fall verbindet zwei Wissensgebiete, nämlich vollständige Induktion und den binomischen Lehrsatz.
Induktionsanfang für $n = 1$: Einsetzen von $n = 1$ ergibt $1^p - 1 = 0$, womit der Induktionsanfang gezeigt ist.
Induktionsannahme: Für $k \leq n$ ist $k^p - 1$ durch p teilbar.
Induktionsschritt: Mit dem binomischen Lehrsatz folgt

$$(n+1)^p - (n+1) = n^p + \sum_{j=1}^{p-1} \binom{p}{j} n^{p-j} 1^j + 1^p - (n+1) =$$

$$\left(n^p - n\right) + \sum_{j=1}^{p-1} \binom{p}{j} n^{p-j} \tag{13.11}$$

Nach Induktionsannahme ist $(n^p - n)$ ein Vielfaches von p. Bei allen Binomialkoeffizienten $\binom{p}{j} = \frac{p!}{(p-j)!j!}$ in der Summe tritt p im Zähler, aber nicht im Nenner auf, weil $j, p - j < p$ ist. Da p eine Primzahl ist, bleibt nach dem Kürzen p übrig. Daher sind alle Binomialkoeffizienten (ganzzahlig!) Vielfache von p, und der Induktionsschritt ist gelungen.
Alternativer Beweis: Es ist $n^p - n = n(n^{p-1} - 1)$. Für $n \equiv 0 \mod p$ ist die Aussage offensichtlich richtig. Für $n \not\equiv 0 \mod p$ folgt die Aussage aus dem kleinen Satz von Fermat, vgl. z. B. (Menzer & Althöfer, 2014), Korollar 2.4.1.

Mathematische Ziele und Ausblicke

Kap. 7 dient der Wiederholung und Vertiefung.

Was Sie aus diesem *essential* mitnehmen können

Dieses Buch stellt sorgfältig ausgearbeitete Lerneinheiten mit vollständigen Musterlösungen für eine Mathematik-AG für begabte Schülerinnen und Schüler in der Mittelstufe bereit. In sechs mathematischen Kapiteln haben Sie

- gelernt, dass man den Euklidischen Algorithmus auch auf Polynome anwenden kann.
- den erweiterten Euklidischen Algorithmus verstanden und in unterschiedlichen Kontexten angewendet.
- Ihre Kenntnisse in Kombinatorik vertieft und sich in die Grundlagen der Stochastik eingearbeitet.
- gelernt, wie man Geheimnisse auf mehrere Personen aufteilen kann (Secret Sharing).
- alle erlernten Techniken selbst angewendet.
- gelernt, dass in der Mathematik Beweise notwendig sind, und Sie haben Beweise in unterschiedlichen Anwendungskontexten selbst geführt.

S. Schindler-Tschirner und W. Schindler, *Mathematische Geschichten VI – Kombinatorik, Polynome und Beweise*, essentials,
https://doi.org/10.1007/978-3-662-65577-1

Literatur

Akademie von Straßburg (1989–2021). Mathematik ohne Grenzen. https://maths-msf.site.ac-strasbourg.fr/ (französische Original-Webseite); https://lw-mog.bildung-rp.de/ (Bildungsserver Rheinland-Pfalz).

Amann, F. (2017). *Mathematikaufgaben zur Binnendifferenzierung und Begabtenförderung.* 300 *Beispiele aus der Sekundarstufe I.* Springer Spektrum.

Bardy, T., & Bardy, P. (2020). *Mathematisch begabte Kinder und Jugendliche.* Theorie und (Förder-)Praxis: Springer Spektrum.

Baron, G., Czakler, K., Heuberger, C., Janous, W., Razen, R., & Schmidt, B. V. (2019). *Österreichische Mathematik-Olympiaden 2009–2018.* Aufgaben und Lösungen: Eigenverlag.

Bruder, R., Hefendehl-Hebeker, L., Schmidt-Thieme, B., & Weigand, H.-G. (Hrsg.). (2015). *Handbuch der Mathematikdidaktik.* Springer Spektrum.

Dangerfield, J., Davis, H., Farndon, J., Griffith, J., Jackson, J., Patel, M., & Pope, S. (2020). *Big Ideas.* Dorling Kindersley: Das Mathematik - Buch.

https://www.mathematik.de/schuelerwettbewerbe Webseite der Deutschen Mathematiker-Vereinigung. Zugegrffen: 24. Jan. 2021.

Engel, A. (1998). *Problem-Solving Strategies.* Springer.

Enzensberger, H. M. (2022). *Der Zahlenteufel. Ein Kopfkissenbuch für alle, die Angst vor der Mathematik haben* (1. Aufl.). Hanser.

Felgenhauer, A., Gronau, H.-D., Labahn, R., Ludwicki, W., Moldenhauer, W., Prestin, J., Rüsing, M., Wegert, E., & Welk, M. (2021). *Die schönsten Aufgaben der Mathematik-Olympiade in Deutschland.* 300 *ausgewählte Aufgaben und Lösungen der Olympiadeklassen* 11 bis 13. Springer Spektrum.

Glaeser, G. (2014). *Geometrie und ihre Anwendungen in Kunst, Natur und Technik* (3. Aufl.). Springer Spektrum.

Glaeser, G., & Polthier, K. (2014). *Bilder der Mathematik* (2. Aufl.). Springer Spektrum.

Institut für Mathematik der Johannes-Gutenberg-Universität Mainz, Monoid-Redaktion (Hrsg.). (1981–2022). *Monoid - Mathematikblatt für Mitdenker.* Institut für Mathematik der Johannes-Gutenberg-Universität Mainz, Monoid-Redaktion.

Jainta, P., Andrews, L., Faulhaber, A., Hell, B., Rinsdorf, E. & Streib, C. (2018). *Mathe ist noch mehr. Aufgaben und Lösungen der Fürther Mathematik-Olympiade 2012–2017.* Springer Spektrum.

S. Schindler-Tschirner und W. Schindler, *Mathematische Geschichten VI – Kombinatorik, Polynome und Beweise,* essentials,
https://doi.org/10.1007/978-3-662-65577-1

Jainta, P. & Andrews, L. (2020a). *Mathe ist noch viel mehr. Aufgaben und Lösungen der Fürther Mathematik-Olympiade 1992–1999*. Springer Spektrum.

Jainta, P. & Andrews, L. (2020b). *Mathe ist wirklich noch viel mehr. Aufgaben und Lösungen der Fürther Mathematik-Olympiade 1999–2006*. Springer Spektrum.

Joklitschke, J., Rott, B., & Schindler, M. (2018). Mathematische Begabung in der Sekundarstufe II - die Herausforderung der Identifikation. In U. Kortenkamp & A. Kuzle (Eds.), *Beiträge zum Mathematikunterricht 2017* (pp. 509–512). WTM-Verlag.

Krutezki, W. A. (1968). Altersbesonderheiten der Entwicklung mathematischer Fähigkeiten bei Schülern. *Mathematik in der Schule, 8*, 44–58.

Löh, C., Krauss, S., & Kilbertus, N. (Hrsg.). (2019). *Quod erat knobelandum. Themen, Aufgaben und Lösungen des Schülerzirkels Mathematik der Universität Regensburg* (2. Aufl.). Springer Spektrum.

Mathematik-Olympiaden e.V. Rostock. (Hrsg.). (1996–2016). Die 35. Mathematik-Olympiade 1995/1996 – die 55. Mathematik-Olympiade 2015/2016. Hereus.

Mathematik-Olympiaden e. V. Rostock. (Hrsg.). (2017–2021). *Die 56. Mathematik-Olympiade 2016/2017 – die 60. Mathematik-Olympiade 2020/2021*. Adiant Druck, Rostock.

Meier, F. (Ed.). (2003). *Mathe ist cool!* Cornelsen: Junior. Eine Sammlung mathematischer Probleme.

Menzer, H., & Althöfer, I. (2014). *Zahlentheorie und Zahlenspiele: Sieben ausgewählte Themenstellungen* (2. Aufl.). De Gruyter Oldenbourg.

Müller, E., & Reeker, H. (2001). *Mathe ist cool!* Cornelsen: Eine Sammlung mathematischer Probleme.

Neubauer, A., & Stern, E. (2007). *Lernen macht intelligent*. DVA: Warum Begabung gefördert werden muss.

Noack, M., Unger, A., Geretschläger, R., & Stocker, H. (Eds.). (2014). *Mathe mit dem Känguru 4. Die schönsten Aufgaben von 2012 bis 2014*. Hanser.

Oswald, F. (2002). *Begabtenförderung in der Schule*. Entwicklung einer begabtenfreundlichen Schule: Facultas Universitätsverlag.

Rott, B., & Schindler, M. (2017). Mathematische Begabung in den Sekundarstufen erkennen und angemessen aufgreifen, Ein Konzept für Fortbildungen von Lehrpersonen. In J. Leuders, T. Leuders, S. Prediger, & S. Ruwisch (Eds.), *Mit Heterogenität im Mathematikunterricht umgehen lernen* (pp. 235–245). Springer Fachmedien.

Schindler-Tschirner, S., & Schindler, W. (2019). *Mathematische Geschichten I - Graphen*. Springer Spektrum: Spiele und Beweise. Für begabte Schülerinnen und Schüler in der Grundschule.

Schindler-Tschirner, S., & Schindler, W. (2019). *Mathematische Geschichten II - Rekursion*. Springer Spektrum: Teilbarkeit und Beweise. Für begabte Schülerinnen und Schüler in der Grundschule.

Schindler-Tschirner, S., & Schindler, W. (2021). *Mathematische Geschichten III - Eulerscher Polyedersatz*. Springer Spektrum: Schubfachprinzip und Beweise. Für begabte Schülerinnen und Schüler in der Unterstufe.

Schindler-Tschirner, S., & Schindler, W. (2021). *Mathematische Geschichten IV - Euklidischer Algorithmus*. Springer Spektrum: Modulo-Rechnung und Beweise. Für begabte Schülerinnen und Schüler in der Unterstufe.

Schindler-Tschirner, S., & Schindler, W. (2022a). *Mathematische Geschichten V - Binome.* Springer Spektrum: Ungleichungen und Beweise. Für begabte Schülerinnen und Schüler in der Mittelstufe.

Schülerduden Mathematik I – Das Fachlexikon von A-Z für die 5. bis 10. Klasse (2011) (9. Aufl.). Dudenverlag.

Schülerduden Mathematik II – Ein Lexikon zur Schulmathematik für das 11. bis 13. Schuljahr. (2004) (5. Aufl.). Dudenverlag.

Singh, S. (2001). *Fermats letzter Satz. Eine abenteuerliche Geschichte eines mathematischen Rätsels* (6. Aufl.). dtv.

Specht, E., Quaisser, E., & Bauermann, P. (Eds.). (2020). 50 *Jahre Bundeswettbewerb Mathematik.* Springer Spektrum: Die schönsten Aufgaben.

Specht, E., & Stricht, R. (2009). *Geometria – scientiae atlantis 1.* 440+ *mathematische Probleme mit Lösungen* (2. Aufl.). Koch-Druck.

Stewart, I. (2020). *Größen der Mathematik.* 25 *Denker, die Geschichte schrieben* (2. Aufl.). Rowohlt Verlag GmbH.

Strick, H. K. (2017). *Mathematik ist schön: Anregungen zum Anschauen und Erforschen für Menschen zwischen 9 und 99 Jahren.* Springer Spektrum.

Strick, H. K. (2018). *Mathematik ist wunderschön: Noch mehr Anregungen zum Anschauen und Erforschen für Menschen zwischen 9 und 99 Jahren.* Springer Spektrum.

Strick, H. K. (2020). *Mathematik ist wunderwunderschön.* Springer Spektrum.

Strick, H. K. (2020). *Mathematik - einfach genial!* Springer Spektrum: Bemerkenswerte Ideen und Geschichten von Pythagoras bis Cantor.

Ulm, V., & Zehnder, M. (2020). *Mathematische Begabung in der Sekundarstufe.* Modellierung, Diagnostik, Förderung: Springer Spektrum.

Ullrich, H., & Strunck, S. (Hrsg.). (2008). *Begabtenförderung an Gymnasien. Entwicklungen, Befunde, Perspektiven.* VS Verlag.

Unger, A., Noack, M., Geretschläger, R., & Akveld, M. (Hrsg.). (2020). *Mathe mit dem Känguru 5. 25 Jahre Känguru-Wettbewerb: Die interessantesten und schönsten Aufgaben von 2015 bis 2019.* Hanser.

Verein Fürther Mathematik-Olympiade e.V. (Hrsg.). (2013). *Mathe ist mehr. Aufgaben aus der Fürther Mathematik-Olympiade 2007–2012.* Aulis.

Weigand, H.-G., Filler, A., Hölzl, R., Kuntze, S., Ludwig, M., Roth, J., Schmidt-Thieme, B., & Wittmann, G. (2018). *Didaktik der Geometrie für die Sekundarstufe I* (3. erw. u. überarb Aufl.). Springer Spektrum.

Wurzel – Verein zur Förderung der Mathematik an Schulen und Universitäten e.V. (1967-2021). Die Wurzel – Zeitschrift für Mathematik. https://www.wurzel.org/.

Printed in the United States
by Baker & Taylor Publisher Services